职业教育通用教材

烹饪基本功训练

Pengren Jibengong Xunlian

（第二版）

（烹饪类专业）

主 编 王启武

高等教育出版社·北京

内容简介

本书是职业教育通用教材，在第一版的基础上修订而成。

本书共分 7 个单元，内容包括：烹饪基本功知识、刀工、刀法、翻锅、勺法、面点制作和烹饪体能训练。本书编写参考了相关的国家职业标准和行业职业技能鉴定规范，修订中增加了技能操作演示视频，体现刀工基本操作的要点，实用性强。

本书配有二维码微视频及学习卡资源，按照书后"郑重声明"页中的提示，登录我社网站可获取相关教学资源。

本书可作为中职、五年制高职烹饪类专业教材，还可作为相关行业岗位培训教材或烹饪爱好者的自学用书。

图书在版编目（CIP）数据

烹饪基本功训练／王启武主编 . --2 版 . --北京：高等教育出版社,2022.6（2024.5 重印）

烹饪类专业

ISBN 978-7-04-056921-6

Ⅰ.①烹…　Ⅱ.①王…　Ⅲ.①烹饪-方法-中等专业学校-教材　Ⅳ.①TS972.11

中国版本图书馆 CIP 数据核字（2021）第 176080 号

策划编辑　苏　杨　　　责任编辑　苏　杨　　　封面设计　李小璐　　版式设计　马　云
责任绘图　于　博　　　责任校对　任　纳　高　歌　　责任印制　刁　毅

出版发行	高等教育出版社	网　　址	http://www.hep.edu.cn
社　　址	北京市西城区德外大街 4 号		http://www.hep.com.cn
邮政编码	100120	网上订购	http://www.hepmall.com.cn
印　　刷	天津嘉恒印务有限公司		http://www.hepmall.com
开　　本	889mm×1194mm　1/16		http://www.hepmall.cn
印　　张	7	版　　次	2010 年 7 月第 1 版
字　　数	140 千字		2022 年 6 月第 2 版
购书热线	010-58581118	印　　次	2024 年 5 月第 4 次印刷
咨询电话	400-810-0598	定　　价	21.00 元

第二版前言

《烹饪基本功训练》自 2010 年 7 月出版以来，得到了全国职业院校广大师生和烹饪行业从业者的广泛喜爱。为了更好地适应职业院校烹饪类专业的教学要求，以及现代餐饮行业快速发展的要求，根据当前职业院校学生的认知水平和使用该书的反馈信息，在本次修订时，保留了该书按单元编写的体例，在夯实烹饪基本功知识及烹饪行业规范的基础上，着重落实实践操作，凸显实用性、实践性、创新性和多样性的特点。本书运用现代信息技术，将知识点和技能重难点，以视频（微课）的方式呈现，扫描书中二维码即可在线学习观看实际操作，更加直观、生动，辅之以课堂教学，可达到提质增效的教学效果。

本书共分 7 个单元，内容包括：烹饪基本功知识、刀工、刀法、翻锅、勺法、面点制作和烹饪体能训练。总授课时间为 114 学时，具体学时分配可参照下表。使用者可根据需要和地方特色增减课时。

单元	教学内容	学时数
单元 1	烹饪基本功知识	2
单元 2	刀工	12
单元 3	刀法	46
单元 4	翻锅	10
单元 5	勺法	2
单元 6	面点制作	24
单元 7	烹饪体能训练	12
机动		6
总计		114

本书单元 1 至单元 3 由四川省成都市财贸职业高级中学校王启武编写；单元 4、单元 5 由四川省旅游学校（美食学院）李红编写；单元 6 由四川省成都市财贸职业高级中学校黄丽编写；单元 7 由广州市旅游职业学校杨晓军和广州市旅游商务职业学校马健雄编写。本书配套

的微课视频由成都市财贸职业高级中学校"双师型"教师、成都市王启武中餐烹饪技能大师工作室成员王启武、高会学、陈荣剑、熊江黎、黄丽操作演示。

　　本书在编写过程中，得到了程越敏、姜育才、宋燕的帮助，同时还参考了部分著作和文献资料，在此对著者表示感谢。由于编者水平有限，加之时间仓促，存在不足之处在所难免，恭请各位同行和使用者批评指正。读者意见反馈信箱：zz_dzyj@ pub.hep.cn。

编　者
2021 年 6 月

第一版前言

为了更好地适应中等职业学校烹饪专业的教学要求以及现代餐饮行业快速发展的要求，体现职业教育即就业教育的特点，本书在编写时强调对专业技能的训练，重视实践能力与职业素质的培养，满足专业岗位对专业能力的需求，是烹饪专业课程改革成果的再现。

本书采取模块化的编写方式，以实践为主，理论为辅，以任务驱动的模式完成课堂教学，凸显了实用性、实践性、创新性和多样性的特点。另外，为了给学生营造一个更加直观的认知环境，本书还采用图文并茂的形式，如尽可能使用图片或表格形式，将各个知识点呈现出来；配备拓展学生思维的思考与练习题，以引导学生自主学习。本书根据中等职业学校烹饪专业学生学习的需要，增加体能训练环节，以使学生更好地掌握烹饪专业技能。

本书总授课时间为 99 学时，具体学时分配可参照下表。使用者可根据需要和地方特色增减课时。

单元	教学内容	学时数
第一单元	烹饪基本功知识	2
第二单元	刀工基础知识	10
第三单元	刀法基础知识	42
第四单元	翻锅基础知识	8
第五单元	勺法基础知识	2
第六单元	面点基础知识	17
第七单元	烹饪体能训练	12
机动		6
总计		99

本书第一单元至第五单元由四川省成都市财贸高级职业中学王启武老师编写，第六单元由聂玉奇老师编写，第七单元由广州市旅游职业学校杨晓军校长和广州市旅游商务职业学校马健雄老师编写。

　　本书在编写过程中，得到了程越敏、宋燕、邓志强和殷雅萍的帮助，同时还参考了部分著作和文献资料，在此表示感谢。

　　由于我们的水平有限，加之时间仓促，谬误、纰漏之处在所难免，恭请各位同行和广大读者提出宝贵意见。读者意见反馈信箱 zz_dzyj@ pub.hep.cn。

编　者
2010 年 4 月

目　　录

微视频资源一览表

资源名称	页码
烹饪着装规范与要求	12
磨刀技术	19
刀工操作基本姿势	26
二粗丝(肉丝)	37
二粗丝(土豆丝)	37
细丝(黄丝)	37
银针丝(萝卜银针丝)	37
牛舌片	49
灯影苕片	50
剞刀法的成形方法与规格示例	54
面点制作基本功实训	82

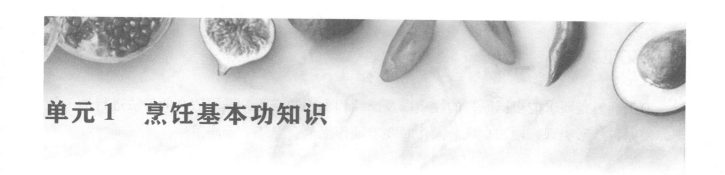

单元1 烹饪基本功知识

烹饪基本功就是在烹饪过程中，操作者必须具备的最基本的烹饪知识与烹饪技能。只有掌握了这些基本的知识和技能，才能熟练地制作出色、香、味、形俱佳的菜点，进一步创制出新菜点。

一、烹饪基本功的内容

烹饪基本功是一门手工操作技术，包括菜肴和面点两个方面，烹饪基本功对菜点的品质有极大影响。

烹饪基本功是烹饪的基础，无论烹制何种菜点，采用何种烹饪技法，都离不开烹饪基本功，它是一名合格的厨师所不可缺少的基本功。因此，烹饪类专业的学生必须了解、掌握烹饪基本知识，熟练掌握烹饪基本功。烹饪基本功的具体内容主要包括以下六方面：

（一）原料选择恰当

烹饪原料是烹饪工艺的物质基础，其品种繁多，特性不一。因此，应熟悉各种原料的特性、供应时段和当季价格，在选择原料时，要求新鲜、无毒无害、无污染、卫生、有营养。原料经过合理加工、烹调，制作出滋味鲜美、软硬适口的菜点，提供给不同人群食用。

（二）刀工娴熟

刀工娴熟是要求能根据原料的性质以及烹调和食用的需要，采用适合的刀法进行加工处理，使原料外形美观，增加食欲。操作时要求动作规范、熟练、干净卫生。

（三）翻锅熟练

翻锅熟练是要求能熟练进行临灶翻锅，出锅及时，操作安全。

（四）投料准确

投料准确是要求挂糊、上浆、勾芡均匀，干稀适度（与水的比例适当）；原料量与烹饪容器匹配，温度适宜，不煳锅、不粘锅，不脱芡、不结块等。

（五）调味准确

调味分凉菜调味和热菜调味。调味准确是要求了解调味品的性能、复合味的调制机理，掌握因地、因时、因人、因料的调味方法，投料量准确，投放时机恰当。

（六）火候调节适当

火候调节适当是要求了解热源知识，准确掌握原料在不同温度（油温、水温、蒸汽）中的成熟度变化及所用时间。

以上各项烹饪基本功，又包括许多分项目内容。本书主要介绍刀工、刀法、翻锅、勺法（主要以菜肴类为例）、面点基本功。初学者必须按规定的程序、内容，遵循"勤为本、悟为先"的原则，通过大量的实践操作，勤学苦练，努力成为一名合格的厨师，为日后成长为一名优秀的厨师打下基础。

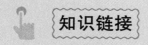

菜肴烹调的一般程序

菜肴烹调的一般程序如图 1-1 所示。

一、热菜烹调的程序

热菜烹调的一般程序有如下两种：

● 原料验收、选料—原料初加工—分档取料—刀工处理—菜肴配制、调味—加热—烹调制作—装盘成菜

● 原料验收、选料—原料初加工—分档取料—（直接）初步熟处理—刀工处理—菜肴配制—烹调制作—装盘成菜

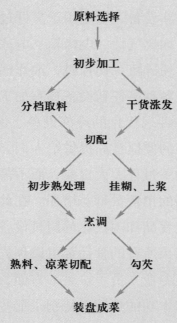

图 1-1　菜肴烹调的一般程序

二、凉菜烹调的程序

凉菜烹调的程序有如下两种：

● 原料验收、选料—原料初加工—分档取料—熟制处理—刀工处理
{
—调味—装盘成菜
—装盘成菜
}

● 原料验收、选料—原料初加工—分档取料—刀工处理
{
—装盘成菜
—调味—装盘成菜
—初步熟处理—烹调制作—晾凉浇味—装盘成菜
}

二、烹饪基本功在烹饪中的作用

烹饪是科学，是艺术，是文化。它是一门综合性学科，涉及物理学、烹饪化学、生物学、解剖学、营养学、卫生学、饮食保健学、烹饪美学、烹饪原料学、烹饪机械学、烹饪心理学、民俗学等。而烹饪基本功则是一门实践性很强的操作技术。二者既有联系，又有区别。烹饪是运用相关学科知识对烹饪过程中相关现象进行研究，阐述其烹饪价值和烹饪特点的学科。烹饪通过烹饪基本功，对原料进行手工的、机械的、电子的操作，最终完成美味菜点的制作。其中手工操作是主要的烹饪基本功。可见，一份成熟的菜点在制作过程中都要涉及烹饪基础知识和基本技能，是知识和技能的综合运用。

目前，随着科技的发展，烹饪新设备大量应用于烹饪过程中，大大地提高了烹饪加工中的科技含量。厨房中常用的设备，如燃气灶、电烤箱、电冰箱，使热量容易控制，原料容易保鲜。而自动化的刀具、搅拌器、粉碎机、切片机、油炸锅、控温电铛，以及其他一些加工设备，使菜点的制作越来越简单。各种烹饪新设备具有加工工艺优良、加工成品规格大小一致、加工速度快等特点。另外，各种现代化的冷冻设备、保鲜技术，如速冻、罐装、干冻、真空包装、辐照处理，把越来越多的便捷食品提供给人们。食品保鲜技术的发展还产生了另外一种影响，即可使食品的准备加工过程大大提前，而不需要在饮食服务的场所进行，因此方便食品应运而生，其在食品市场的销售量日益增加。在此，传统的烹饪手工加工工艺受到了挑战。一方面，一些厨师把方便食品和现代化的厨具设备看作是一种挑战，害怕这些产品最终会威胁到他们的生存。因为如果所有的食品都可以预先准备好，或由机器来处理，那么就没有必要再用技术熟练的厨师或专业人员了。另一方面，一些厨师又过分依赖烹饪机械设备，严重影响了厨师们掌握烹饪基本功的热情。特别是那些初学者，认为只要能炒菜，把菜炒好就可以了，因而忽视了烹饪基本功。以上的状况都是片面的，实际并非如此。菜点的质量在很大程度上仍然依赖于厨师的处理技巧。许多新技术、新设备所能做的只是一些不需要特殊技术的工作，如削皮或打菜泥，这样就把厨师从繁重的简单劳动中解脱出来，使得他们有更多的时间去做技巧性更强的工作。所以，每一道特色风味菜点还是必须由技术熟练、基本功扎实的厨师来完成。尽管生产自动化和方便食品在人们生活中的应用越来越普遍，但人们永远需要那些想象力丰富的厨师为他们创作新的佳肴、开发新的技术，需要技术娴熟的厨师融合烹调技巧，制作出高品质的菜点。烹饪专业的手工操作特殊性，决定了在今后很长一段时间内，传统烹饪还是以手工操作为主，以机械设备为辅。

就像音乐初学者要奏出美妙的乐曲，必须从练习音阶开始一样，烹饪初学者必须从烹饪基本功学起，勤学苦练，具备扎实的基本功，才能成为一名合格的厨师。

三、练好烹饪基本功的途径

蓬勃发展的餐饮业为广大厨师提供了施展才华的广阔天地。同时，科技的发展，给世界带来新的变化，烹饪技术也不例外。但是，每一道特色风味菜点的制作，依然必须由技术熟练、基本功扎实的厨师完成。练好烹饪基本功的主要途径如下：

（一）要敬业、乐业，端正学习态度

"敬业"就是责任心。人类一方面为基本生活而劳动，另一方面通过劳动改善生活。至于选择什么样的劳动，各人因自己的才能而定。俗话说："三百六十行，行行出状元。""乐业"就是趣味，无论何种职业都是有趣味的，只要深入其中，一步一步地奋斗，克服困难，就会获得职业的成就，得以快乐地工作。孔子曰："知之者不如好之者，好之者不如乐之者。"作为烹饪职业院校的学生或烹饪从业人员，正确的学习态度比技术的培训更为重要，因为态度端正可以帮助我们更好地学习技术，可以帮助我们克服前进道路上遇到的重重阻碍。积极乐观的学生或厨师，学习效率会更高，烹饪动作会更干净、利落、安全。他们常为自己的学业和工作而自豪，并努力做出令人羡慕的成绩来。

（二）练好烹饪基本功的"五字诀"：好、稳、快、勤、巧

（1）好　好就是符合标准，即掌握正确的操作姿势，投料准确，调味恰当等。例如，在刀工的练习中，要注意站案、握刀、运刀的正确操作姿势，动作规范，物料有序，清洁卫生。

（2）稳　就是在"好"的基础上的稳定。烹饪基本功不是一朝一夕就能练就的，必须循序渐进，不能急于求成。

（3）快　快是指动作的熟练度，即在"好"和"稳"的基础上的提速。待操作者的基本姿势正确、技术动作规范稳定后，就必须提高单位时间工作的质量与效率。

（4）勤　要想练好烹饪基本功，必须进行大量的实践操作，如人们常说的"三天不练手生""拳不离手，曲不离口""夏练三伏，冬练三九"，就说明了"勤为本"的道理。

（5）巧　巧是指在烹饪基本理论知识的指导下，通过科学的训练方式，如模仿训练、正误对比训练、重复训练，加强烹饪基本功的训练，反复练习，并在实际操作中注意研究、总结，将烹饪基本功的练习科学化、规范化，使训练达到事半功倍的效果。这就是"悟为

先"的道理。

（三）拥有健康的身体、充沛的体力

从事烹饪职业要求有良好的耐力和毅力，身体健康。因为烹饪是一项艰苦的工作，工作内容单调乏味，工作压力较大，工作时间长，劳动强度大。

烹饪职业院校的学生，不仅要掌握烹饪基本功的技巧，而且要掌握学习方法、端正学习态度，这会帮助我们更有效地学习，并在今后的实践中更好地抓住机遇。

思 考 与 练 习

1. 什么是烹饪基本功？其内容包括哪些？
2. 写出菜肴烹调的一般程序。
3. 简述烹饪基本功在烹饪中的地位。
4. 你对烹饪专业有何看法？你准备怎样学好烹饪基本功？

单元 2　刀工

学习目标

1. 了解刀工与烹饪的发展演变。
2. 了解刀工在烹调中的作用。
3. 了解刀工的基本要求，尤其是刀工操作时的个人卫生要求。
4. 了解刀工与刀具的种类、刀和砧板的保养，掌握磨刀技术。
5. 了解刀工基本操作姿势的内容，掌握正确的基本操作姿势。

一、刀工概述及其作用

（一）刀工概述

烹饪刀工，就是按照烹饪方法和食用的要求，使用不同的刀具，运用各种刀法，将各种不同性质的烹饪原料加工成一定形状的操作技术。简单地说，烹饪刀工，就是厨师用刀的功夫。

中国烹饪刀工技术，是数千年来人们的实践经验和成果总结，并不断加以创新，已由比较简单的技法逐渐发展成由切、片、剞、砍、剁、削、旋等一系列刀法组成的体系，具有形象性和艺术性的风格特点。中国烹饪刀工的发展史可以追溯到旧石器时代。火的发现与使用，标志着中国烹饪史的开始，而烹饪刀工则与烹饪同时产生。最早的烹饪刀工，只是将捕获的禽兽剥皮、肢解、切割成块，便于烧烤至熟而已。社会的进步、生产力的提高，为烹饪的发展创造了物质条件，烹饪在各个方面都取得了很大进步，烹饪刀工也不例外。而刀工与刀具的选用是密不可分的。

夏、商、周时期，是中国烹饪的铜器时代，铜刀逐渐取代了陶刀、石刀、骨刀，其可以随意切割原料。在烹饪表现上，菜肴的原料虽多为粗、厚、大的块状，但菜肴的形状开始丰富起来。

春秋战国时期，随着铁的出现，铁制菜刀问世，刀具得到了实质上的改进，刀刃越来越锋利。随着铁制菜刀的广泛使用，以及人们对饮食的新要求，如"割不正不食""食不厌精，脍不厌细"，原料的形状也由大变小，由粗变精，逐渐形成了中国烹饪最早的切配技术，烹饪刀工技术达到了一定的高度。这个时期，刀工技法多样，刀工技艺越来越细腻。

唐宋时期，各种烹饪刀具又有了明显改进，由厚变薄，且有了专用的刀具，锋利无比。刀工技术渐趋成熟，出现了中国烹饪史上最早的食品雕刻——"雕卵"。同时，运用刀工能制作一些简单的花式冷拼。

元、明、清时期，是中国烹饪技术全面发展的时期，也是中国地方风味菜发展成熟、定型的时期，刀工技艺既继承了历代的成就，又有了新的发明和创造。现今烹饪中常用原料的基本形状，几乎都是当时创制出来的。在此基础上，出现了以美化菜肴为目的的各种花刀技法，原料成形更为形象生动，这是中国烹饪从实用性阶段发展到艺术性阶段的重要标志。

如今，随着新原料、新技术、新工艺、新设备的大量引进和应用，烹饪和烹饪的刀工技术又有了突飞猛进的发展。但无论怎样，刀依然是烹饪行业手工操作的重要工具，它具有种类繁多、结构合理、功能先进、使用便捷的特点，不可能完全被烹饪机械所替代。所以，学习烹饪刀工技术，提高刀工水平，仍是当今厨师一项不可忽视的重要功底。

（二）刀工的作用

性质各异的烹饪原料，其加工方法有所不同。绝大多数原料要经过初加工和进一步的刀工处理后，才能烹制。有的虽经初步烹制，但还是半成品，在食用前必须再进行刀工处理，使其形状大小一致、厚薄均匀后，才便于食用。所以，烹制任何菜肴，很难离开刀工这道重要的工序。俗话说："七分墩子，三分炉子。""墩子的形，炉子的色。"能否善于运用各种刀法技巧，将原料加工成不同的形状，使菜肴锦上添花，反映了一个厨师的技术水平高低。具体地说，刀工在烹调中有以下作用：

1. 便于烹调

中国烹饪有数十种烹制方法，每种烹制方法都有特定的火候。有急火短"炒"、热锅温油的"炒"，有微火慢煮的"炖"，有热锅旺油的"爆"，有热锅冷油的"熘"等。这些都应根据烹调方法的不同，采用不同的刀法，将烹饪原料加工处理成片、块、条、丝、丁、粒、末等规格，其形态、大小、厚薄、长短等应完全一致，从而使烹饪原料在短时间内迅速而均匀地受热，达到烹调美味菜肴的目的。

【例】白油猪肝

成菜要求肝片细嫩，需运用"炒"的烹制方法，而"炒"时要求将猪肝切成薄片，才能使其易熟保嫩。

【例】火爆腰花

成菜要求腰花脆嫩，需运用"爆"的烹制方法，而"爆"的特点是油温高、火力大。只有将猪腰剞成花刀，油的热量才能快速传入原料内，使腰花骤然受热至熟，从而保持腰花内的水分，使其脆嫩。

2. 便于入味

对于整块或大块的较厚原料，调料入味情况因烹制时间而异。如果直接烹制整料或大块原料，加入的调味品有些不能渗透进原料的内部，大多黏附在原料表面，如加入盐，就会形成外咸内淡，甚至无味的现象。因此，就必须将这样的原料进行刀工处理，如将大块原料或整料改小或改块，将厚形原料改细或改薄，或用刀破坏原料的筋络，或在较大的原料表面剞上刀纹。其目的是使调味品渗入原料内部，均匀入味，确保烹制成菜后，内外口味一致，鲜香可口。

【例】大蒜鲇鱼

整条鲇鱼肉厚体长，在烹调时不易入味。在烹调前，需将鲇鱼加工处理成条块状，以便入味。

【例】金钩冬瓜方

冬瓜的皮面部分质地较硬，内面部分质地较软。在烹调时，内面部分比皮面部分容易入味，为了达到内外入味一致，需在冬瓜的皮面剞刀，以便入味。

3. 便于食用

整只或大块原料，若不经刀工处理，直接烹制食用会给食用者带来诸多不便。如果能先将原料由大改小、由粗改细、由整改碎，加工成符合需要的各种形状，再烹制成菜，就更容易取食和咀嚼，方便食用，也利于人体对食物的消化和吸收。

【例】糖醋排骨

整块排骨体积大又连骨带肉，不便于食用。在烹调前，需将排骨斩成小块，再烹调成菜，便于食用。

【例】家常黄焖鸡

为了减少食用者理骨的时间，在烹调时，需在斩块之前剔去鸡的主要骨骼。

4. 整齐美观

各种烹饪原料经过刀工处理后，刀面整齐平滑，形状整齐均匀，烹制成菜后，菜肴格外协调美观。尤其是在原料上剞上各种花刀刀纹，经加热后，卷曲成各种形状，使得菜肴看上去美观大方、整齐规则，有的还呈现出优美的图案，进而丰富菜肴品种。

【例】什锦素烩

将数样素菜原料经过刀工加工成各种图形美观的片，再拼摆整齐，烧烩成菜，使刀纹或多样，或一致，色泽协调，美观大方。

【例】菊花鱼

将粗加工后的净鱼肉剞上十字刀纹，经扑粉、炸制后，鱼肉受热卷曲呈菊花状，非常美观，诱人食欲。

二、刀工的基本要求

刀工的作用不仅是为了改变原料的形状，更是为了美化原料的外观，加快原料的入味速度，使原料在烹制成菜后不仅有漂亮的外观，更有诱人的味道。因此，在处理烹饪原料时，应遵循以下基本要求：

（一）整齐均匀，符合规格

原料在进行刀工处理时，无论是丝、丁、条、片、块、粒或其他任何形状都应做到：粗细一致、长短一致、大小一致、厚薄一致、整齐均匀。只有这样，原料才能在烹调时受热均匀、成熟度一致、入味一致；否则，会直接影响菜肴质量。

【例】莴笋肉片

若所切的肉片厚薄不均，容易造成薄的已熟，而厚的还未断生。

【例】蘑菇烧鸡

若斩的鸡块大小不均，容易造成小的已软烂，而大的还咬不动的现象。

（二）断连分明，清爽利落，互不粘连

刀工处理后的原料形状，要求做到整齐美观，断面平整，断连分明，清爽利落。该断则断，即丝与丝、片与片、条与条、块与块之间，必须断然分开，不可藕断丝连。该连则连，如剞腰花，要求刀距、宽窄、刀纹深浅、倾斜角度都要相应一致。这样才能保证菜肴的外形美，便于掌握烹制的火候与时间，确保菜肴的质量。

【例】鱼香肉丝

若切的肉丝粗细不均，长短不一，断连不分明，就容易造成成形杂乱，不美观。

【例】甜烧白

若切的连刀片（两刀一断）该连不连，就容易造成露馅的现象，影响菜肴美观。

（三）密切配合烹调要求

刀工和烹调作为烹饪的两道工序，相互制约，相互影响。原料形状的大小，一定要适应烹饪技法的需要。炒、爆、熘等烹调方法，加热时间短、旺火速成，所加工的原料形状就应以小、薄、细为宜；焖、烧、炖、扒等烹调方法，因加热时间长、火力较小，所加工的原料形状就以粗、大、厚为宜。用于造型的菜肴，需将原料剞成各自所需的刀纹，使其受热卷曲成美不胜收的形状。如荔枝形、菊花形、凤尾形等辅料（配料）成形的体积和形状，要服从主料的体积和形状，而且在一般情况下辅料要小于主料、少于主料，这样才能突出主料，否则会造成喧宾夺主的现象。

（四）根据原料特性，合理运用刀法

1. 根据原料质地运用刀法

每一种烹饪原料都有一定的质地，如脆、韧、细嫩、松散，因此，在刀工处理时，必须根据原料的质地，采用与之相适应的刀法，将原料加工成各种形状。

切脆性原料如莴笋、萝卜、黄瓜时，应采用直切的刀法；切韧性、细嫩的肉类原料时，应采用推切或锯切的刀法；切质地松散的原料如面包、酱肉时，应采用锯切的刀法。所以，选用准确的刀法，能使切割出的原料刀口整齐，省时省力；反之，就会把原料切碎、切散、切破，使菜肴质量难以得到保证。

2. 根据不同原料运用刀法

在行业中有"横切牛肉、竖切鸡"的说法。牛肉质老筋多，必须横着（垂直于）纤维纹路下刀，才能把筋切短、切断，烹调后才比较嫩；否则，顺着纤维纹路切，筋腱保留在原料上，烧熟后又老又硬，咀嚼不烂。猪肉的肉质比较细嫩，肉多筋少，斜着纤维纹路切，才能既不易断又不易老；否则，横切易断易碎，顺切又易变老。鸡肉细嫩，肉中几乎没有筋，必须顺着纤维纹路切，才能切出整齐划一、又细又长的鸡丝；否则，横切或竖切都很容易断裂散碎，不能成丝。鱼肉不但质细，而且含水量较高，切时不仅要顺着纤维纹路切，还要切得比猪肉丝和鸡肉丝略粗一些，烹调时才能不断不碎。

（五）合理使用原料，做到物尽其用

合理使用原料，是整个烹饪过程中的一项重要原则。在加工处理原料时，要充分考虑它的用途。落刀时，要心中有数、计划用料，做到大材大用、小材小用、合理分用、充分利用。不要盲目下刀，以免造成浪费，对刀前刀后的碎料都要各尽所用、精打细算，充分发挥其经济效用。一切可利用的原料，均要充分地、合理地加以使用，做到物尽其用。

（六）注意清洁卫生

加工的烹饪原料是多种多样的，有生有熟，有荤有素，如果不注意砧板或刀具的清洁卫生，就容易污染原料。因此，在操作时要注意生熟分开，经常刮洗砧板和擦拭刀具，始终保持工具洁净、卫生。

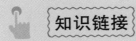

知识链接

操作者的个人卫生要求

烹饪着装规范与要求

（1）若患有传染性疾病，切勿从事食品加工工作。

（2）坚持天天洗澡。

（3）勤剪指甲，保持清洁，不要涂指甲油。

（4）保持头发清洁整齐，操作时要戴帽子或发套。

（5）保持工作服和围裙清洁。

（6）保持胡须修剪整齐。

（7）操作前，将手和裸露的皮肤清洗干净。操作时，更要尽可能地经常洗手，尤其是在下列情况下：

① 饭后、饮酒后、吸烟后。

② 上厕所后。

③ 接触过任何可能污染细菌的物品后。

（8）咳嗽或打喷嚏时需用手将嘴捂上，之后将手清洗干净。

（9）不要随便用手触摸自己的嘴、眼睛、头发和胳膊，尤其是在接触了冰冻生鲜产品之后，更要注意清洁手及手臂后再接触自己的眼、嘴。

（10）操作时不要吸烟或嚼口香糖。

（11）不要坐在操作台上。

（12）用干净的绷带包扎伤口。若手上有伤口，应暂时换岗，避免直接接触食品或餐具。

三、刀工的加工对象

烹饪操作者在进行原料的刀工加工时，必须了解、熟悉各种烹饪原料的质地，准确且合理地运用不同的刀法，才能使加工后的原料整齐、均匀、美观，使操作过程省时、高效。烹饪原料的品种繁多，可大致分为动物性原料和植物性原料两种。动物性原料又分为家畜类、家禽类和水产品类等；植物性原料又分为粮食类、蔬菜类和果品类等。常见的烹饪原料有鸡、鸭、鱼、肉（猪、牛、羊）、菜、瓜、鲜藕、鲜笋等。按质地的不同，可将常用的烹饪原料分为以下六种：

（一）韧性原料

此类原料泛指一切动物性原料。因其品种、部位不同，韧性的强弱程度也不尽相同，又可分为强韧性原料和弱韧性原料。其适宜的刀法有推刀切、推拉刀切、平刀片等。

1. 强韧性原料

此类原料含有丰富的结缔组织，纤维粗韧，肉质弹性强，水分含量低，韧性强。例如，猪的颈肉、夹心肉、奶脯肉、蹄髈、猪肚，牛的颈肉、前腱子肉、牛肚，羊的颈肉、前腿肉、前腱子肉、后腿肉、后腱子肉，鸡鸭的腿肉。

2. 弱韧性原料

此类原料纤维组织细小，水分含量高，经过切割分档，去除筋膜，可减少结缔组织，从而降低其韧性。例如，猪的里脊肉、臀尖肉、肚头、心、肝、腰，牛的里脊肉、通脊肉、里仔盖肉、仔盖肉，羊的里脊肉、通脊肉、肋条肉、臀尖肉，鸡的里脊肉、胸脯肉、心、肝、胗，净鱼肉、净虾肉，水发鱿鱼、墨鱼。

（二）脆性原料

此类原料含水量高，脆嫩新鲜，泛指一切植物性原料，如黄瓜、冬瓜、莴笋、萝卜、山药、马铃薯、四季豆、豇豆、茭白、白菜、油菜、青菜、芹菜、韭菜、鲜藕、蒜苗、苦瓜、鲜冬笋。其适宜的刀法有直刀切、滚料切、平刀片等。

（三）软性原料

此类原料泛指经过加热处理后，原料本身固有的质地发生了变化，成为质地较为松软的原料。例如，动物性原料中，各种酱牛肉、酱羊肉、酱猪肉、白肉等；植物性原料中，经过加热焯熟的萝卜、莴笋、冬笋等；其他固体性原料中，虾肉卷、蛋卷、蛋黄糕、蛋白糕、豆腐、豆腐干等。其适宜的刀法有推刀切、推拉刀切、平刀片、斜刀片等。

（四）硬实性原料

此类原料泛指原料经过盐腌、晒制、风干等方法加工处理后，原料的结构组织发生变化，质地变成细密、硬实性的原料，如火腿、香肠、风干鸡、风干肉。其适宜的刀法有推拉刀切、直刀砍、跟刀砍等。

（五）松散性原料

此类原料结构组织疏松、易碎，如面包、蛋糕、熟猪肝。其适宜的刀法有推拉刀切等。

（六）带骨、带壳原料

常用的带骨、带壳原料有猪大排、猪蹄髈、猪头、猪脚、鱼头、带壳熟鸡蛋、螃蟹等。其适宜的刀法有铡切、直刀砍、跟刀砍等。

四、刀工用的刀具

刀工用的刀具主要是各种刀、磨刀石、砧板（又称案板、菜墩）。在烹饪原料加工过程中，烹饪刀具起着主导的作用，而各种类型的刀和砧板，则是烹饪刀工的主要工具。刀具的好坏，使用是否得当，都将影响菜肴的质量。因此，刀工操作者必须有一套得心应手的工具，并掌握刀具的选择、使用、保养等基本知识。

（一）刀

烹饪行业中，刀是指专门用于切割烹饪原料的工具。

1. 刀的种类及用途

烹饪的刀种类很多，外形各异。除了一些特殊用途的刀以外，大多数刀的外形近似。例如，切刀是由刀柄、刀把，刀背，刀膛、刀身，刀刃、刀锋、刀口锋面，横截面、尖劈角等部分组成。

常用刀按照用途，大致可分为片刀、切刀、砍刀和专用刀等（表2-1）。

表2-1　常用刀的种类及用途

种类	图示	说明	用途
片刀		重500~750 g，体薄而轻，刀身较长，尖劈角较小，刀口锋利，使用灵活方便	主要用于制片，也可切丝、丁、条、块、粒等
切刀		重750~1 000 g，刀口锋面（刀刃）的中前端近似于片刀，刀刃的后端厚而钝，近似于砍刀，尖劈角大于片刀，小于砍刀	使用最广，既易于片、切，也易于砍，刀背又可捶茸，宜用于切丝、丁、条、块、粒等
砍刀		重均1 000 g以上，刀身厚，刀背厚，尖劈角大	专门用于砍（斩）带骨或体积较大、坚硬的原料 前切后砍刀综合了切刀和砍刀的功能，应用广泛

种类		图示	说明	用途
专用刀	特殊刀	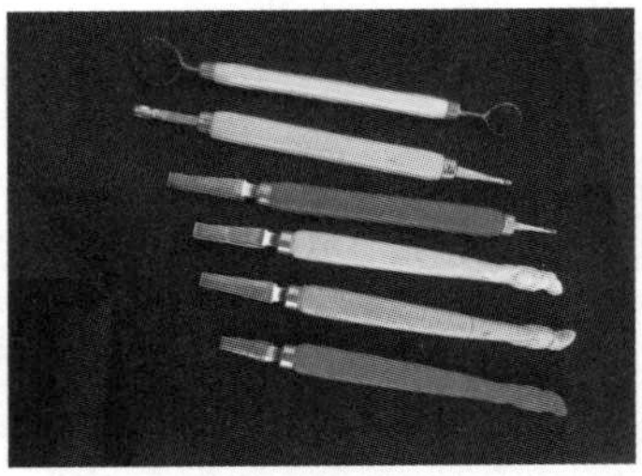 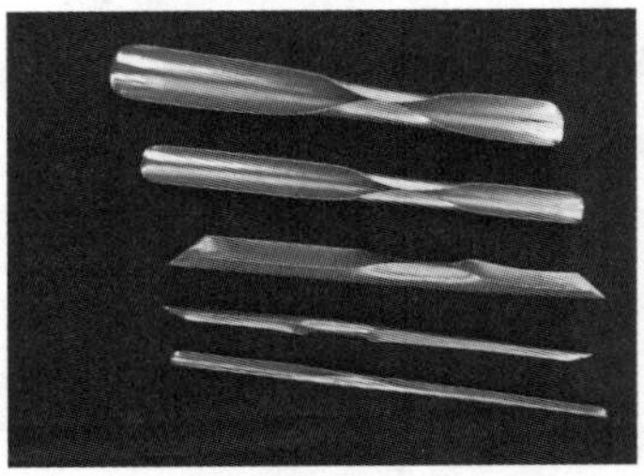 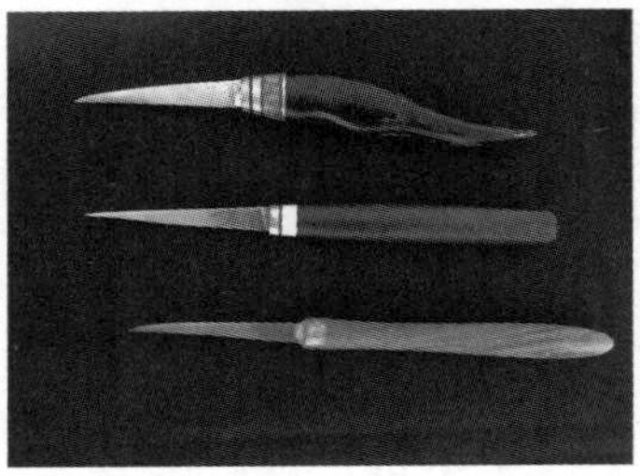	重100~500 g，刀身窄小，刀口锋利，轻而灵便，外形各异，具有特殊用途	适宜对原料进行粗加工，如刮、削、剔、剜
	烤鸭片刀	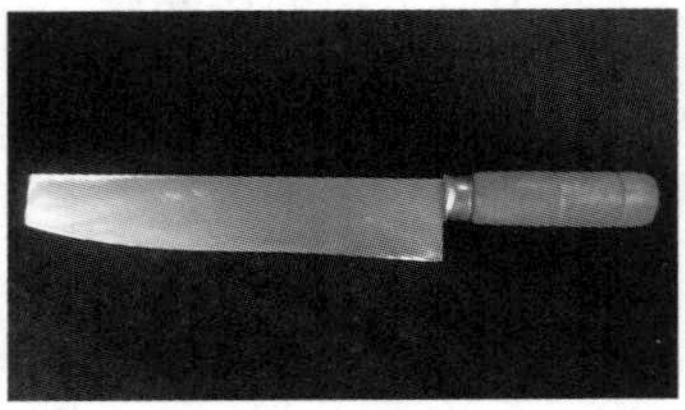	刃长21 cm，刀尖角度60°以上	主要用于片烤鸭熟料
	刮刀	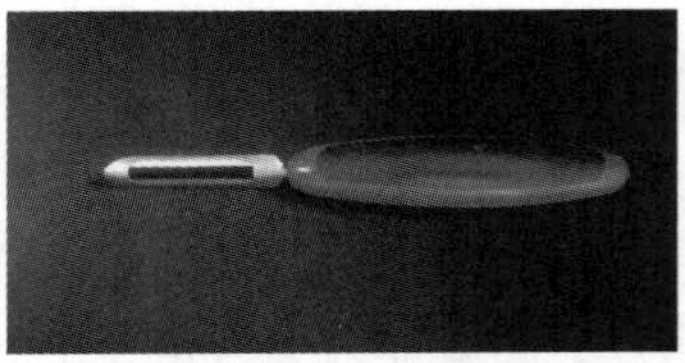 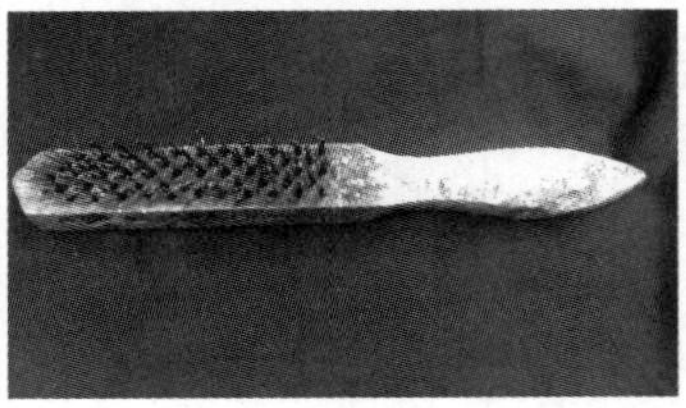	形状不一，有铁刷状、锯齿状等	主要用于根茎类蔬菜去皮或鲜鱼除鳞

烹饪基本功训练

种类		图示	说明	用途
专用刀	镊子刀	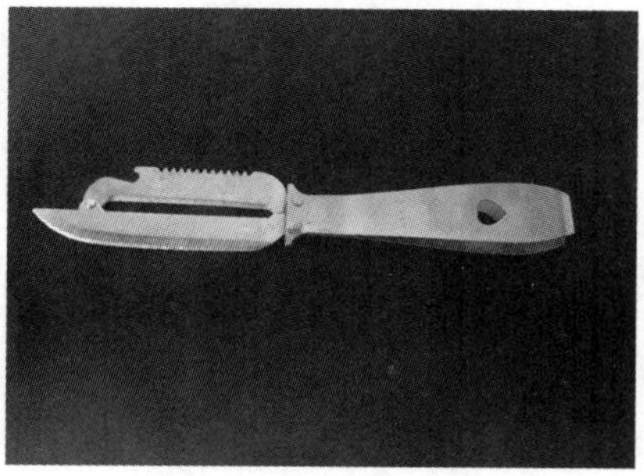	形状为镊子形，常兼有多种用途	主要用于夹镊鸡、鸭等表皮上的杂毛
	剔骨刀	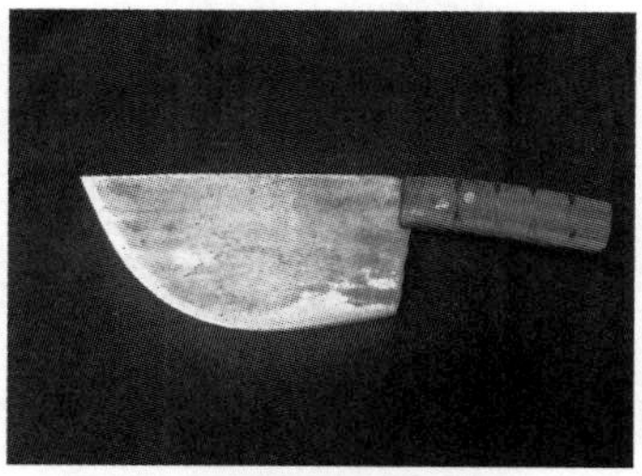 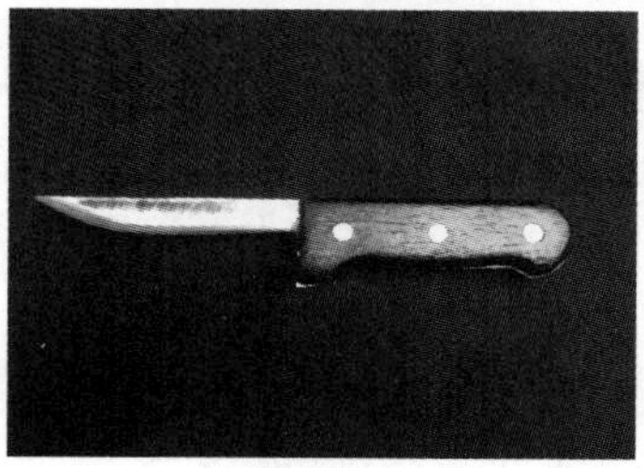	刀身短小，质地坚硬，大致分为三种：尖刀、直刀与弯刀	主要用于肉类原料的出骨

2. 刀的选择

选择刀时主要从以下三个方面来鉴别：

看：刀刃、刀背无弯曲现象。刀身平整光洁，无凹凸现象。刀刃平直无夹灰，卷口者为好。

听：用手指对刀身用力一弹，声音"钢响"清脆为佳，余音越长越好。

试：用手握住刀柄，看是否适手、方便。

3. 刀的保养

刀需要经常保养，延长使用寿命，使其锋利不钝，从而确保刀工质量，因此，刀保养时应做到以下四点：

（1）刀工操作时，要仔细谨慎，爱护刀刃。各种刀要使用得当，片刀不宜斩砍，切刀不宜砍骨头。运刀时以断开原料为准，合理使用刀刃的部位，落刀若遇阻力，应及时检查，清除障碍物，不应强行操作，防止伤及手指或损坏刀刃。

（2）用刀之后，必须用洁布擦干刀身两面的水，特别是在切咸味、酸味或者黏性强和带有腥味的原料时，如咸菜、泡菜、番茄、藕、鱼，黏附在刀面上的盐、酸、碱等物质，容易使刀身变黑或腐蚀，故用完刀后，必须用清水洗净，擦干水。

（3）使用之后，必须将刀固定放在刀架上，或分别放置在刀箱内，不可随手乱放，避免碰撞硬物，损伤刀刃，影响操作，更有可能伤及人。严禁将刀砍在砧板上。

（4）遇到气候潮湿的季节，用完刀之后，先擦干水，再在刀身两面涂上一层植物油，以防止刀生锈或腐蚀，失去光泽度和锋利度。

（二）砧板

砧板是指用刀对烹饪原料加工时的衬垫工具，它对刀工起着重要的辅佐作用。砧板质量的优劣，关系着刀工技术能否正确地施展。因此，正确选择、使用、保养砧板，是每个刀工操作者必须掌握的重要的基本技术。

1. 砧板的选择

砧板一般选择皂角木、银杏木（白果树）、橄榄木、榆树木、椴树木、柳树木等作为材料加工而成。这些树木的特点是质地坚实，木纹细腻，密度适中，弹性好，耐用，不易损坏刀刃。选择砧板的要求是：

（1）砧板的尺寸以高 20~25 cm，直径约 40 cm 为宜。

（2）板面平整，无凹凸，无缝隙。

（3）砧板的质地不宜太硬或太软。质地太硬易伤刀、打滑，如塑料砧板、不锈钢砧板就易打滑；质地太软易粘刀，起木屑。

2. 砧板的使用

使用砧板时，应在砧板的整个平面均匀使用，保持砧板磨损均衡，防止板面凹凸不平，影响刀法的施展。若砧板不平，切割时原料不易被切断，会产生连刀现象。砧板面也不可以留有油污或水迹，否则加工原料时易滑动，既不好操作，又易伤人，还影响卫生。

3. 砧板的保养

（1）新购进的木质砧板，要放入盐水中浸泡数小时，或用植物油反复涂抹，或放入大锅内加热煮透，使木质收缩，组织细密，避免砧板干裂变形，达到结实耐用的目的。新购进的木质砧板有的还需要再刨平。

（2）砧板在使用过程中要经常转动，保持整个板面均匀使用，使之磨损均衡，从而避免板面凹凸不平，导致烹饪原料切割不断。

（3）砧板在每次使用之后，要用清水或碱水刷洗，刮净油污，保持清洁，且竖放于通风处，防止板面腐蚀。

（4）当砧板使用一段时间后，如果发现其呈凹凸不平状，要及时刨平修正，保持板面平整，再用水浸泡数小时，使砧板保持一定的湿度，以防止干裂。

（三）磨刀技术

为了提高切割的效率和烹饪原料成形的质量，需使用刀口锋利的刀。"工欲善其事，必先利其器"，作为刀工操作者，有了一把好的菜刀，才会明白"磨刀不误砍柴工"的道理，体会到菜刀在烹饪活动中所发挥的无可替代的作用，尽显刀工的神奇。可见，只有保持刀口锋利不锈、无缺口、不变形（呈

磨刀技术

"弓背形"或"月亮形"），且能与砧板吻合良好，才不会影响运刀效果。这就要求有质量较好的磨刀石，再配以正确的磨刀姿势和方法，才能使刀锋符合实际运刀的要求。

1. 磨刀的工具

磨刀的工具是磨刀石（磨石）。磨刀石有粗磨石、细磨石、油石三种。

（1）粗磨石 其主要成分是黄沙石或红沙石，质地松而粗，多用于新刀开刃或磨有缺口的刀。磨出锋口，俗称"起刀"。

（2）细磨石 其主要成分是青沙，质地坚实而细，不易损伤刀口，适于将刀刃磨锋利。

（3）油石 油石为人造石，是采用金刚砂合成的人工磨石，同样也有粗细之分，呈长方形，使用方便，易于保管。其用法也同粗磨石和细磨石一样。

特别提示

磨刀时，粗磨石与细磨石结合使用，先在粗磨石上磨出刀锋口，再在细磨石上将刀刃磨锋利。两者结合能缩短磨刀时间，保证磨刀效果，延长刀具的使用寿命。

2. 磨刀的姿势

磨刀时要求磨刀者两脚分开或一前一后，收腹，胸部略向前倾，重心前移，以站稳为度。刀身端平，两手持稳，右手握刀柄，左手握刀背的一角，刀口锋面朝外，刀背朝里，刀与磨刀石的夹角为 $3°\sim5°$，目视刀锋。在磨刀的另一面时，左右手的姿势与之前相反。

3. 磨刀的方法

将磨刀石固定好位置，高度约为磨刀者身高的一半，以操作方便、运用自如为准。磨刀时要把刀身上的油污洗净，以免脱刀伤手。

（1）前推后拉法 也称平磨法（图 2-1），是行业中较常见、较科学的一种磨刀法。先

在刀面和磨刀石上淋上清水，将刀刃紧贴磨刀石表面，刀背略翘起，与磨刀石的夹角为3°~5°，将刀向前平推至磨刀石尽头，再向后提拉。向前平推时磨刀膛，向后提拉时磨刀口锋面。无论是前推还是后拉，用力都要平稳，均匀一致，切不可忽高忽低。当磨刀石表面起砂浆时，需及时淋水冲洗，再继续磨。磨刀时重点应放在磨刀口锋面部位。刀口锋面的前、中、后端部位都要均匀地磨到。磨完刀身的一面后，再换手持刀，磨另一面，刀身两面磨的次数要基本相等，这样才能保证磨完的刀锋面平直，刀刃锋利，符合要求。

(a)   (b)

图 2-1 前推后拉法

（2）竖磨法 刀柄向里，右手持刀柄，刀背向右，左手贴在膛面上，前后推磨。磨刀的另一面时，左右手的姿势与之前相反。

（3）荡刀法 应急时的一种磨刀法，右手持刀，翻腕将刀的两面在磨刀石上迅速推拉打磨。这种方法较为迅速，刀能较快地被磨锋利，但不如前推后拉法能使刀刃的锋利度更持久。

4. 磨刀时易出现的问题

（1）从刀的形状看 一把好用的刀，两面应对称，刀刃应呈一条直线与两端垂直，有的切刀刀刃中部呈略凸起的弧形。磨刀使刀变形的有：

罗汉肚 刀身中央呈大肚状凸出，这是对刀的前后两端磨得过多，中间相对磨得少了所致。

月牙口 刀身中部向里凹进，这是对刀的中部磨得过多或用力过大所致。

偏锋 刀刃不是位于刀两面的正中，这是对刀的两面磨得不均匀所致。

毛口 刀刃呈锯齿状或翻转，这是刀刃磨研过度、磨石较粗糙所致。

（2）从磨刀石的形状看 正确的磨刀方法应该使磨刀石经久耐用，即每次磨完刀，磨刀石应是平整的，这样也方便以后的磨刀。用前推后拉法磨刀，应注意每次都推到底及拉到底，否则磨刀石使用不久就会中部下凹，影响以后的磨刀效果。用竖磨法或荡刀法磨刀则应注意经常移位，不要一直在磨刀石的一个部位磨。

特别提示

刀不能干磨或在砂轮上打磨，以免影响刀的硬度(钢火)。

5. 刀锋的检测

检测刀磨得是否合格，有以下三种方式：

（1）将刀刃朝上，双眼平视刀刃，若看不见一道白色的光泽，就表明刀磨得很锋利。如果有白色的痕迹，则表明有不锋利之处。

（2）把大拇指手指肚轻轻放在刀刃上轻轻拨划，如有涩感，表明刀刃锋利；反之，感觉光滑，则表明刀刃还不锋利，需要继续磨。

（3）将刀刃在砧板上轻推，如打滑，则表明刀刃还不锋利；如推不动或有涩感，则表明刀刃锋利。

总之，磨好的刀，刀面应平整，无卷口和毛边。刀身向外的一面，刀口微斜，使用时可使原料脱落，不粘在刀上；刀身向内的一面，刀口平直，便于手指控制运刀。

五、刀工的基本操作姿势

烹饪刀工是一项实用性很强的应用技术，而刀工姿势则是从事刀工操作时的"功架"，是烹饪刀工技艺中的一项重要基本功，是烹饪工作者必须要掌握的基本技能。

在烹饪技艺中，刀工操作是一项细致的工作，劳动强度大，操作时间长，体力消耗大。因此，刀工操作者既要有良好的体力、臂力、腕力、耐力，又要有灵活应变的头脑。刀工的工具——刀，非常锋利，若不小心，就会割伤手指，发生刀伤事故。所以，在刀工操作时，只有掌握正确的基本姿势和动作规范，才有利于操作，提高工作效率；有利于缓解疲劳，保证安全；有利于准确地掌握刀工操作技能要领；有利于养成良好的工作习惯。我们在判断一名操作者的刀工技术时，有时无须看其加工成品，只需要看操作者的姿势以及对各种刀具的熟悉程度，便能判断其技艺高低。优美舒展的姿势、抑扬顿挫的起伏、运用自如的动作，既能使观者赏心悦目，也是操作者本人形象与技艺的展示。而刀工操作中弯腰曲背、重心不稳等不良姿势，既影响操作者技术的发挥，又有碍操作者的健康与形象，所以一定要注意刀工操作中的正确姿势。

（一）站案姿势

站案姿势即操作时的站立姿势。操作时，两脚自然分立站稳，上身略向前倾，前胸稍挺，不能弯腰曲背，双肩要平，不可一肩高一肩低，目光要注视两手操作部位，身体自然放松，腹部与砧板保持一定距离，砧板放置的高度以便于操作为准。

正确的站案姿势具体要求：

（1）身体保持自然正直，头要端正，胸部自然稍含，双眼正视两手操作部位。

（2）腹部与砧板保持约 10 cm（一拳）的间距。

（3）双肩关节自然放松，不耸肩，不塌肩。

（4）砧板放置的高度以操作者身高的一半为宜。

（5）站案脚法有两种：

① 双脚自然分立，呈外八字形，两脚尖分开，与肩同宽（图 2-2a）。

② 双脚成稍息姿态，即丁字步（图 2-2b）。

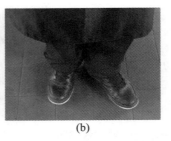

(a)　　　　　　　　　　(b)

图 2-2　站案脚法

以上两种方法，无论选择哪种，都要始终保持身体重心垂直于地面，以重力分布均匀、站稳为度，以便控制上肢施力和灵活控制力的强弱及方向。

初学刀工，容易出现很多错误动作，如歪头、弯腰、拱背、身体前倾、手动身移、重心不稳、形成身体三曲弯（图 2-3），久而久之就养成了不正确的姿势。这些不良动作，既使自身胸部受压，影响身体的正常生理功能，又影响刀工的正常发挥。

(a)　　　　　　　　　　(b)

图 2-3　错误动作

（二）握刀姿势

握刀的基本手法，一般是右手握刀，拇指与食指捏紧刀身处，手掌和其余三根手指握住刀柄，手腕灵活而有力（图 2-4）。正确的握刀姿势，能给人"菜刀在手，成竹在胸""千里之行，始于刀下"的感觉。

(a)   (b)

图 2-4 握刀姿势

初学者握刀时最容易出现图 2-5 所示的三种错误。这些姿势不仅不能把握住刀的作用点，而且常常因施力过大，出现脱刀伤手的情况。同时，在切料时，刀发晃、发飘会影响刀法的质量，这些握刀手势都是不可取的。

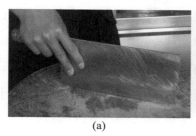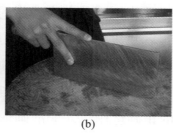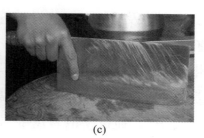

(a)   (b)   (c)

图 2-5 初学者常见错误动作

（三）运刀姿势

运刀操作时，要精神集中、目不斜视，不能左顾右盼，要做到安全第一，避免刀起刀落发生意外；不要边操作边说笑，污染原料。右手持刀，主要运用臂力和腕力；左手控制原料，保证原料平稳不移动，便于落刀。要求左手持料要稳，右手落刀要准；两手紧密而有节奏地配合，动作准确、连贯，一气呵成。

正确的运刀姿势具体要求如下：

1. 右手握刀

在刀工操作中，握刀手势与原料的质地和所用的刀法有关。使用的刀法不同，握刀的手势也有所不同。一般情况下，用右手握刀，握刀部位适中，以右手大拇指与食指捏着刀身，其余三指用力紧紧握住刀柄（参见图 2-4），握刀时手腕要灵活而有力。刀工操作中主要依靠腕力。握刀要做到稳、准、狠，达到"牢而不死、硬而不僵、软而不虚"的标准。握刀要练到一定功夫，达到轻松自然，灵活自如。

2. 左手按稳物料

以"切"为例。左手的基本手势是：五指稍微合拢，自然弯曲，呈"蟹爬形"（图 2-6）。在刀工操作中，手掌和五根手指各有其用途，既分工又合作，相互作用，相互配合。

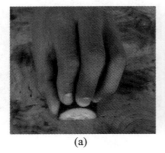

(a)   (b)

图 2-6　左手按稳物料

手掌　操作时，手掌起支撑作用，切菜时手掌掌根不要抬起，必须紧贴板面，或压在原料上，使重心集中在手掌上，才能使各个手指灵活自如地发挥作用。否则，当失去手掌的支撑时，下压力及重心必然迁移至五根手指上，使各个手指的活动受到限制，发挥不了五根手指应有的作用，刀距也不易掌握，很容易出现忽宽忽窄、刀距不匀的现象。

中指　操作时，中指指背第一节朝手心方向略向里弯曲，轻按原料，下压力要小，并紧贴刀身，主要作用是控制刀距，调节刀距尺度。从事刀工工作，手是计量和掌握原料切割程度的"尺子"。通过这把"尺子"的正确运用，才能准确地切出所需要的原料形状。

食指、无名指、小拇指　操作时，三根手指自然弯曲，轻轻按稳原料，防止原料左右滑动。其中食指和无名指向掌心方向略弯，垂直朝下用力，下压力集中在手指尖部，小拇指协助按稳原料。

大拇指　操作时，大拇指协助按稳原料。当手掌脱离板面时，大拇指还能起支撑作用，避免重心集中在中指上，造成指法移动不灵活和刀距失控。

3. 左右手的密切配合

根据原料性质的不同，左手按稳原料时的用力也有大有小，不能一律对待。左手按稳原料移动的距离和移动的快慢必须配合右手落刀的快慢，两手应紧密而有节奏地配合。切原料时，左手呈弯曲状，手掌后端要与原料略平行，利用中指的第一关节抵住刀身，使刀有目的地切下。抬刀切料时，刀刃不能高于指关节，否则容易将手指切伤。右手下刀要准，不宜偏里或偏外，在直刀切时，要保持刀身垂直(图 2-7)。

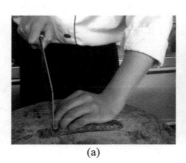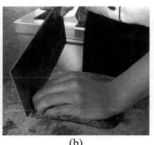

(a)   (b)

图 2-7　左右手的密切配合

另外，操作时，放置在砧板上的各种原料应与工作台成45°，使人站立的位置与砧板保持平行。

（四）手法

刀工操作时强调干净、快捷、利落的操作手法，也就是要养成良好的操作习惯，不要拖泥带水。

（五）放刀位置

刀工操作时，刀、砧板及周围的原料和物品都要保持清洁整齐，不能杂乱无章。刀工操作完毕后，刀的码放位置有严格的要求，随意放刀，往往会给刀工操作者本人及其相邻人员带来受伤隐患，出现不该发生的安全事故。正确的放刀位置是：当操作完毕，刀应放在板面中央，前不露出刀尖，后不露刀柄，刀背、刀刃也都不应露出板面(图2-8)。

图 2-8　放刀位置

下面五种经常出现的不良放刀习惯(图2-9)，都是应该注意纠正的。

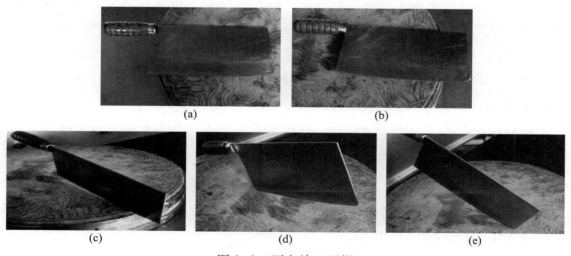

(a)　　　　　　　(b)

(c)　　　　(d)　　　　(e)

图 2-9　不良放刀习惯

（六）携刀姿势

刀工操作基本姿势

当刀具使用完毕之后，需要将刀挪动位置，必须严格按照要求，保持正确姿势，即：右手握刀柄，紧贴腹部右侧，刀刃向上；携刀走路时，切忌刀刃向外，手舞足蹈，以免伤害他人。

 知识链接

厨师的职业标准与优秀厨师应具备的素质

一、厨师的职业标准

每一位餐饮业的从业人员都应该尊奉行业的行为准则和态度，作为一名职业厨师，应该具备的职业标准如下：

1. 自信、严谨、乐观的工作态度

要成为一名合格的职业厨师，必须拥有自信的工作信念。对待工作严谨认真并不等于无法从中获得乐趣，真正的乐趣来自令人满意的工作成果。积极乐观的厨师，工作时效率也会提高，而且动作干净、利落、安全。职业厨师应为自己的工作自豪，且努力做出令人自豪的工作成绩来。

2. 充沛的体力

从事餐饮业工作要求有耐力和毅力，身体健康。因为餐饮服务工作压力大，工作时间较长，劳动强度大。

3. 沟通协作的能力

一般来说，后厨内都是多人在一起工作，所以厨师总是要与他人合作的。餐饮业需要的是团队整体的力量，从业人员必须有与他人合作的意识和能力。若是个人意识严重，任由自我意识膨胀，争强好胜，或感情用事，那么工作将无法顺利开展。过去许多厨师都以脾气大而扬名，而在如今，则更推崇自我控制力，与他人团结协作。

4. 勤学好问的学习精神

在烹饪领域内总是有学不完的知识，即使是花费一生的精力也未必得其真果。那些著名的厨师首先都会承认自己还需要继续学习，而且他们也确实在不断努力、实践、探索和学习。

餐饮业发展变化极快，勇于接受新观点、新思想是至关重要的，不管现在技巧多么精湛，我们还应该做得更好。

5. 全面的能力

许多人成为职业厨师是因为他们热爱烹饪，这是非常重要的。但是他们还必须具备其他方面的知识和技巧。如一名职业厨师必须掌握如何进行成本核算，需懂得如何与供应商打交道，如何进行人力资源管理。

6. 掌握实践经验

曾有一位受人尊敬的烹饪大师说过这样的话："只有当你把一道菜做过1 000遍以后，你才能真正懂得如何做好这道菜。"

任何东西都不能代替年复一年、日复一日的实践经验。通过书本和学校学会的烹调原理只是为我们提供了一个好的开端。虽然可以从指导教师那里学到基本的烹调理论，但是要想成为一名合格的厨师，就必须要实践，再实践。理论无法让我们成为真正的厨师。

7. 精益求精的质量意识

生活中，人们越来越追求"美食"，但又很难说清"美食"具体指的是什么。食品好坏的区别只有一点——制作质量的差别。有做得好吃的烤鸭，有做得不好吃的烤鸭；有好吃的汉堡和薯片，也有不好吃的汉堡和薯片。不管是在哪里工作，在五星级饭店、特色风味酒楼也好，快餐厅、单位食堂也好，要怎样工作、做出怎样的菜肴，完全取决于厨师自己。

高价格并不等于高质量，一份"宫保鸡丁"的价格并不能决定它的质量。要做出质量上乘的食品，首先头脑中必须有精益求精的意识，仅仅知道怎么做是远远不够的。

8. 扎实的基本功

实践与创新是当今时代的要求。出色的厨师都敢于打破旧的条条框框的束缚，创造出前所未有的菜肴。创新的路途无界。然而，即使是那些被称为厨艺界的"革命家"，也严格遵守着传承下来的最基本的技巧和制作方法。要创新必须先知道由何处开始着手。对于初学者，学会基本的技巧会帮助我们更好地实践与创新。当观摩一位有经验的厨师操作时，才能懂得该问什么样的问题。

在学校学习，不仅仅是学习最基本的方法和技巧，也要掌握学习思路；端正学习态度，学校并不能教会所有的知识，但能让我们懂得如何去源源不断地获取知识，增强技艺，以便在今后的实践中更好地抓住机遇。

二、优秀厨师应具备的要素

1. 乐趣(兴趣)

烹饪的时候，首先应该把烹饪当作是一种乐趣，而不是一种负担，即快乐地烹饪。

2. 积极制作(烹调)

制作的时候，应该用一种积极进取的态度，尽情表演。

3. 公平制作(烹调)

当走进工作领域，应该用公平竞争的态度，而不是想着投机取巧，或不择手段地去争取更高的效益，更好的职位。

4. 适应性

一个厨师面对随时可能出现的问题，要能够及时调整自己，尽可能地表现出自己的水准。

5. 激情

烹饪是充满激情的，如果在烹制中缺乏激情以及表现欲望和活力，烹饪就很难体现出它的艺术性、技艺性，操作者也就很难成为一名优秀的厨师。

思考与练习

1. 你现在使用的刀有何优点？

2. 怎样才能挑选一把适合自己的刀，准备如何保养它？

3. 砧板怎样使用才合理？

4. 简述磨刀的过程。

5. 刀为何要"自磨自用"？

6. 怎样检测刀刃是否锋利？

7. 烹饪刀工的基本要求是什么？

8. 牛肉为何要横着纤维纹路切？

9. 烹饪刀工的基本姿势包括哪些方面？

单元 3　刀法

学习目标

1. 了解刀法的概念。

2. 掌握各种刀法的正确操作过程，特别是切、片、剞。

3. 掌握常见原料的成形规格。

　　刀法就是使用不同的刀将原料加工成一定形状时，所需采用的各种不同的运刀技法。由于烹饪原料的种类繁多、性质不一及烹调方法多样，所以，需要运用不同的方法，用刀将原料切割成不同的形状，以便烹调和食用。刀法的种类很多，根据刀与原料或砧板接触的角度不同和刀的运行方向，可分为直刀法、平刀法、斜刀法、剞刀法四大基本刀法及其他刀法，每大类又可分出许多小类。

　　刀法的种类如图 3-1 所示。

刀法的种类
- 直刀法
  - 切：直切、推切、拉切、锯切、铡切、滚料切、翻切
  - 剁：单刀剁、双刀剁、单刀背捶、双刀背捶、刀尖（根）排（戳）
  - 砍：直刀砍、跟刀砍、拍刀砍
- 平刀法：平刀片、推刀片、拉刀片、推拉刀片、滚料片、抖刀片
- 斜刀法：斜刀片（斜刀拉片）、反刀斜片（斜刀推片）
- 剞刀法：直刀剞、直刀推剞、斜刀剞、反刀斜剞
- 其他刀法：削、剔、拍、剜、旋、刮、食品雕刻、撬、起……

图 3-1　刀法的种类

一、直刀法

　　直刀法是刀刃朝下，刀与原料或砧板平面成垂直角度的一类刀法。按用力的大小和手、

腕、臂膀运动的方式，又可分为切、剁、砍。

（一）切

切是烹饪活动中使用最多的刀法，是指刀与砧板、原料保持垂直上下运动的技法。切时，以腕力为主、小臂为辅运刀，适用于植物性和动物性无骨原料。操作中根据运刀方向的不同，又可分为直切、推切、拉切、锯切、铡切、滚料切、翻切。

1. 直切

直切又称"跳切"，是运刀方向直上直下的切法。操作时，通过刀对原料施加的压力和刀本身落下的重力将原料切断，其力量较小而猛。切一般适用于脆嫩的植物性原料，如黄瓜、莴笋、萝卜、莲藕。

【操作过程】如图 3-2 所示：

（1）左手扶稳原料。

（2）用左手中指第一关节弯曲处顶住刀身，手掌按在原料或板面上。

（3）右手持刀，用刀刃的中前部位对准原料被切位置，刀垂直上下运动将原料切断。如此反复，直至将原料切完为止。

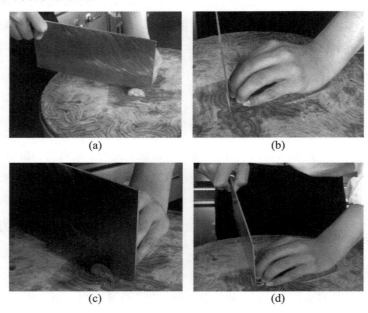

(a) (b)

(c) (d)

图 3-2 切的操作过程

【操作要领】

（1）右手持刀稳，手腕灵活，运用腕力，稍带动小臂。

（2）左手扶稳原料，并根据所需原料的规格（厚薄、长短）向左后方向匀速移动。

（3）左右两手密切配合，有节奏地做匀速运动，保持灵活自如、刀距相等，不能忽宽

烹饪基本功训练

忽窄或按住原料不移动。

（4）刀在运行时，刀身不可里外倾斜，作用点在刀刃的中前部位。

【代表菜例】红油素三丝、青椒土豆丝。

2. 推切

推切是指运刀方向由刀身的右后上方向左前下方推进的切法，用推力和压力的合力将原料切断，一推到底，力量大而缓。推切适用于各种韧性原料，如牛（羊、猪）肉、猪肚，以及细嫩易碎、体积薄小的原料，如肝、腰、豆腐干、大头菜。

【操作过程】如图3-3所示：

（1）左手扶稳原料，用中指第一关节弯曲处顶住刀身。

（2）右手持刀，用刀刃的前部位对准原料被切位置。

（3）刀从上至下，自右后上方朝左前下方推切下去，将原料断开。如此反复推切，至原料切完为止。

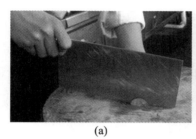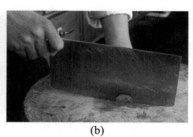

(a)   (b)

图3-3 推切的操作过程

【操作要领】

（1）右手持刀稳，手腕灵活，通过手腕的起伏摆动，使刀产生一个小弧度，加大其运行距离。

（2）左手扶稳原料，并根据所需原料的规格（厚薄、长短）向左后方向匀速移动。

（3）左右两手密切配合，有节奏地做匀速运动，保持刀距相等，不能忽宽忽窄或按住原料不移动。操作时，进刀轻柔有力，下切刚劲，用刀前端开片，后端断料，避免出现"连刀"的现象，一刀将原料推切断开。

【代表菜例】麻辣大头菜、香油豆腐干。

3. 拉切

拉切又称拖刀切，其用力情况与推切相似，只是向前推力改为向后拉力，刀的着力点在前端。拉切是运刀方向由左前上方向右后下方拖拉的刀法，适用于体积薄小、质地细嫩、韧性较弱的原料，如鸡脯肉、嫩瘦肉、黄瓜。

【操作过程】如图3-4所示：

（1）左手扶稳原料，用中指第一关节弯曲处顶住刀膛。

（2）右手持刀，用刀刃的中后部位对准原料被切位置。

（3）刀由上自下，自左前方朝右后方拉切下去，将原料断开。如此反复，拉切至原料切完为止。

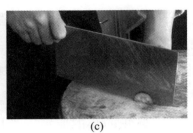

(a)　　　　　　　　　(b)　　　　　　　　　(c)

图 3-4　拉切的操作过程

【操作要领】

（1）拉切与推切是运刀方向相反的一种刀法，是由前向后拉切断料。

（2）拉切在操作时，刀刃前略低，后略高，着力点在刀刃前端，用刀刃轻轻地向前推切一下，再顺势将刀刃向后一拉到底，即所谓"虚推实拉"。

【代表菜例】鲜熘鸡丝、冷拼中拉切禽类羽毛。

4. 锯切

锯切又称推拉切，是推切和拉切的交替运用。其运刀方向前后来回推拉，是一推一拉如拉锯般切断原料的方法，用力比推切和拉切更平缓。锯切适用于质坚韧或松软易碎的原料，如面包、蛋糕、熟火腿、熟酱肉、卤牛肉、回锅肉。

【操作过程】

（1）左手扶稳原料，用中指第一关节弯曲处顶住刀身。

（2）右手持刀，用刀刃的前部对准原料被切位置。

（3）刀在运动时，先向左前方运行，刀刃移至原料的中部之后，再将刀向右方拉回，将原料断开。如此反复，锯切至原料切完为止。

【操作要领】

（1）刀与砧板面保持垂直，且刀在前后运行时用力要小，速度要缓慢，动作要轻松。

（2）左手扶稳原料，刀在运动时下压力要小，避免原料因受压力过大而变形。

【代表菜例】生爆盐煎肉、回锅酱肉。

5. 铡切

铡切是刀与原料或砧板垂直，刀刃的中部或前部对准被切原料的部位，两手同时用力或单手用力压切下去断料的方法。其又可细分为：交替铡切法、击掌铡切法和平压铡切法。铡切必须右手握刀柄，左手按住刀背前部，用力向下切断原料。铡切适用于带壳、体小圆滑、略带小骨的原料，如花椒、带壳熟鸡蛋、烧鸡、蟹。

【操作过程】如图 3-5 所示：

（1）左手握住刀背前部，右手握住刀柄（图 3-5a）。

（2）刀刃前部垂下，刀后部翘起，刀刃的中部对准被切的原料（图3-5b）。

（3）右手用力压切（图3-5c）。

（4）将刀刃前部翘起（图3-5d）。

（5）左手用力压切，如此上下反复交替压切（图3-5e）。

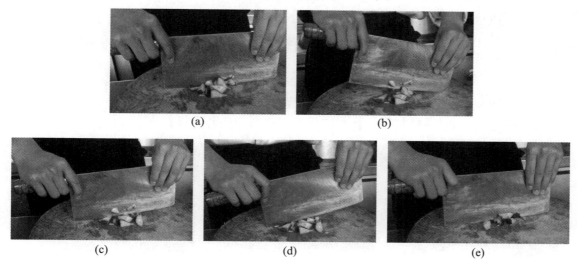

图3-5　铡切的操作过程

【操作要领】

（1）双手配合协调，用力均匀，以断料为度。

（2）刀压住所切的原料时要稳，动作宜快，一刀切好。

【代表菜例】水煮肉片中的刀口花椒、姜葱肉蟹。

6. 滚料切

滚料切又称滚刀切、滚切，是刀与砧板面垂直，左手持料有规律地朝一个方向滚动，原料每滚动一次，刀做直切或推切一次，将原料切断的方法。滚料切适用于圆形或圆柱形的脆性原料，如莴笋、马铃薯、黄瓜、胡萝卜。

【操作过程】

（1）滚料切中的推切如图3-6所示：

① 左手扶稳原料，用中指第一关节弯曲处顶住刀身（图3-6a）。

图3-6　滚料切中的推切

② 右手持刀，用刀刃的前部对准原料被切位置，原料要与刀保持一定的斜角(图 3-6b)。

③ 运用推切的刀法，将原料切断开(图 3-6c)。

④ 每切完一刀，即把原料朝一个方向滚动一次。如此反复，至原料切完为止。

（2）滚料切中的直切如图 3-7 所示：

① 左手扶稳原料，用中指第一关节弯曲处顶住刀身(图 3-7a)。

② 右手持刀，用刀刃的中前部位对准原料被切位置，原料要与刀保持一定的斜角(图 3-7b)。

③ 运用直切的刀法，将原料切断开(图 3-7c)。

④ 每切完一刀，即把原料朝一个方向滚动一次，如此反复，至原料切完为止。

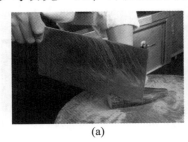 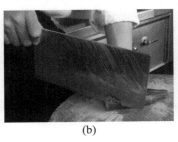 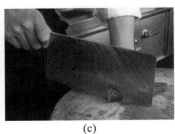

(a)   (b)   (c)

图 3-7　滚料切中的直切

【操作要领】

（1）左手扶料，右手持刀，密切配合，边滚边切。

（2）刀与原料的斜度要保持一致，切出的成品才能整齐划一。

【代表菜例】莴笋烧鸡(辅料)、醋熘鸡(辅料)。

7. 翻切

有的烹饪书籍将翻切列为直刀法的一种。翻切是以推切为基础，待刀刃断开原料(一刀后或切数刀后)的一瞬间，刀身顺势向外偏倒的一种运刀手法。其特点是所切原料按刀口顺序排列，形状整齐，原料成形后不粘刀身。整个动作一气呵成，具有观赏性。翻刀切适用于柔软细嫩、易粘刀的原料，如切肉片、肉丝、大头菜。

 知识链接

切 的 相 关 知 识

一、练刀工从"切"开始

切是片、斩、剁、劈、旋、雕刻等多种刀法的基础，凡是切制成形的成品或半成品，无论是丝、丁、片、条，还是其他任何形状，都应切得粗细均匀、长短相等、大小一致、整齐划一、清爽利落，无"连刀"现象，这些是对切制刀法的基本要求。只有切得均匀，才有可能使菜肴的色、香、味、形、营养俱佳。否则，不仅影响菜肴形美，烹调时也不易掌握火候，造成细薄的原料入味先熟，粗厚的原料乏味后熟，等到粗厚的原料熟透时，细薄的原料已经质老、散碎，甚至烧焦，使菜肴的颜色、滋味、质地和营养都受到不同程度的影响。

从"切"入门，先"好"再"稳"后"快"，循序渐进，再了解各种刀法之间的内在联系，学习和掌握其他刀法，就能收到事半功倍的效果。

二、"切"的窍门

烹饪刀工中的切，看似谁都能切，但未必谁都会切。初练切法，常常不得要领，切得别扭，切得吃力。因此，除了要勤切勤练之外，要多问几个为什么，要会学、巧学，练好"一刀准"，才能"刀刀准"。

1. 切制时，左手要呈"蟹爬形"

蟹爬形，是指左手五指略微并拢，指尖向手心弯曲，按稳原料，手掌依托原料在砧板上呈蟹爬形。左手按料有力，稳妥又不滑动，便于切制。右手持刀，刀起刀落，不偏不倚，准确掌握原料的形状和刀距，切制出的成品才能整齐划一，还能防止割伤手指。左手呈蟹爬形，加上持刀右手的配合，左手随刀向后移动，就可有节奏地切制了。

2. 切片时，出现厚薄不均现象的因素

切片时会出现一片薄一片厚或一边厚一边薄的现象，主要有以下五个方面的因素：

（1）切制时按料不稳，前实后松或前松后实。

（2）进刀时用力不均。

（3）刀与原料不垂直或左右偏斜。

（4）原料形体既大又高，刀钝料硬。

（5）砧板面凹凸不平。

3. 切丝时，出现粗细、长短不一现象的因素

主要有以下五个方面的因素：

（1）片切得不标准，一片薄一片厚，或切成了一边薄一边厚。

（2）叠片不整齐，前后左右错位。

（3）片叠得过高，造成在切的过程中原料倒塌。

（4）切制时按料不稳，原料滑动，造成跑刀。

（5）操作时精力不集中，两手配合不当，时快时慢，下刀不准，前后左右偏斜，刀距不等。

4. 切肉时要采用不同的刀法

肉是经常用于切制的烹饪原料。由于肉的品种不同、部位不同、老嫩不同、纹路不

同，以及不同菜肴对肉的要求不同，肉的切制方式就有所区别。因此，可根据原料性质采用顺切、横切或斜切。

（1）顺切 顺着肌肉纤维的纹路切，适用于质地细嫩、易碎、含水分多、结缔组织少的原料，如鸡胸肉、鱼肉、猪里脊肉。顺切出来的猪肉丝、鸡肉丝、鱼肉丝，烹制成菜肴后，既能保证菜肴质量，又能保证菜肴形状整齐美观。否则，菜肴容易成为粒屑状，不成形，造成烹饪失败。

（2）斜切 斜着肌肉纤维的纹路切，适用于质地比较细嫩，肉中筋少的猪臀肉、弹子肉等，能使菜肴的质地一致，不软不硬，口感更加鲜嫩。若顺切，成菜后会显得肉质老硬，横切又易断易碎。采用斜切则可避免发生同样原料出现不同形状、不同质地、不同口感的现象。

（3）横切 横着肌肉纤维的纹路切，适用于质地较老、纤维粗硬、结缔组织较多的牛肉，成菜后菜肴口感好，易于成熟和消化吸收。若顺着纤维纹路切，原料经加热烹调后，质地老硬，咀嚼不烂。

三、切制技巧及成形规格

1. 丝

【切制技巧】

（1）瓦楞状叠法（阶梯形） 将片或切好的原料薄片，一片一片地依次排叠成瓦楞形状，再切成丝。这种叠法的特点是在切丝的过程中，片不易倒塌下来，因此，它适用于大部分烹饪原料，特别是韧性原料，如鸡丝、鱼丝、猪（牛、羊）肉丝。

（2）平叠法 将片或切好的原料薄片，一片一片地从下至上叠放起来，再切成丝。这种叠法的特点是上下叠放整齐，切丝时，才能长短粗细均匀，但原料容易倒塌，所以叠放不宜过高。其适用于形状比较规则的脆性或软性的原料，如萝卜、豆腐干、马铃薯。

（3）卷筒形叠法 将片形大而薄的原料，一片一片地放平叠放起来，再卷成卷筒状，切成丝，如海带、海蜇皮、卷心菜、鸡蛋皮。

【操作要领】

（1）将原料加工成薄片时，要注意厚薄均匀，因为片的厚薄决定了丝的粗细，片的长短决定了丝的长短。

（2）将原料加工成薄片时，要注意叠放整齐，不可叠得过高。

（3）左手按料要稳，呈蟹爬形；右手持刀要稳，下刀要稳、准，刀距一致；左右手快慢配合默契，才能切出整齐划一的丝来。

（4）根据原料的性质，正确选用顺切、横切或斜切的方式。

【成形规格】

（1）头粗丝　长约 8 cm，粗约 0.4 cm，如芹黄鱼丝、干煸牛肉丝。

（2）二粗丝　长约 8 cm，粗约 0.3 cm，如鱼香肉丝、青椒肉丝。

（3）细丝　长约 10 cm，粗约 0.2 cm，如红油黄丝、芥末肚丝。

（4）银针丝　长约 10 cm，粗约 0.1 cm，如红油皮扎丝、茗松。

二粗丝（肉丝）　二粗丝（土豆丝）

细丝（黄丝）　银针丝（萝卜银针丝）

2. 条

【切制技巧】

一般先将原料片成或切成厚片，再切成条。条的粗细取决于片的厚薄，条比丝粗，一般粗为 0.5~1.2 cm，长度为 3~8 cm。其适用于动、植物原料。按粗细、长短的不同，可分为大一字条、小一字条、筷子条、象牙条等。

【成形规格】

（1）大一字条　长约 5 cm，粗约 1.2 cm，如魔芋烧鸭中的鸭条。

（2）小一字条　长约 4 cm，粗约 0.8 cm，如酱烧马铃薯中的马铃薯条。

（3）筷子条　长约 4 cm，粗约 0.5 cm，如小煎鸡中的莴笋条。

（4）象牙条　长约 5 cm，粗约 1 cm，如干煸冬笋中的冬笋条。

3. 块

块的种类很多，其规格主要根据烹调的需要及原料的性质而定，并通过切和剁（砍）来加工。烹饪中常使用的有正方形块、菱形块、长方形块、滚料块、梳子块、瓦形块等。

【成形规格】

（1）正方形块　呈立方体，四边边长相等，边长约 3 cm，如红烧肉中的肉块。

（2）菱形块　也称象眼块、斜方块，形状是两头尖、中间宽，长轴约 4 cm、短轴约 2.5 cm、厚约 1.2 cm，如火爆双脆中的肚头。

（3）长方形块　也称骨牌块，长约 4 cm、宽约 2.5 cm、厚约 1 cm，如烧鸡块中的鸡块。

（4）滚料块　多用于长圆形原料，为长约 3.5 cm 的多面体，如莴笋烧鸡中的莴笋块。

（5）梳子块　也称梳子背，长约 3.5 cm、厚约 0.8 cm 的多面体，如醋熘鸡中的莴笋块。

（6）瓦形块　形如中国旧式小瓦的块形，其形状取自鱼体的自然形态，长 4~6 cm，如熘瓦块鱼、熏鱼中的鱼块。

4. 丁、粒、末

丁、粒、末三种成形规格皆是从相应的条、丝切下。其切制技巧和成形规格如下：

（1）丁　先将原料切成厚片，再由厚片切成条，接着由条切成丁。原料的厚薄决定了条的粗细，条的粗细决定了丁的大小。大丁约为 2 cm 见方，如花椒兔丁中的兔丁。小丁为 1~1.2 cm 见方，如宫保鸡丁中的鸡丁。

（2）粒　与黄豆、绿豆、米粒大小相似，介于丁、末二者之间，为 0.3~0.6 cm 见方，如鱼香碎滑肉、狮子头中的肉粒。

（3）末　比粒小，先将原料切成薄片，再由薄片改切成丝，接着由丝切成末，或者将原料直接剁碎成末，如肉馅、姜蒜末。

5. 茸（蓉）

茸（蓉）又称泥、胶、糁，颗粒比末更为细腻，一般是用搅拌器加工或切得极细后用刀背捶击而成。其适用于无筋膜的猪里脊、鸡脯肉、净虾肉、鱼肉等动物性原料，如肉茸、鸡茸、兔茸、鱼胶。菜品有：清汤鸡丸、鱼面、鱼香兔糕等。还适用于富含淀粉的植物性原料，如制熟的马铃薯泥、红薯（苕）泥、芋泥、豌豆泥、山药泥、蚕豆泥、红豆泥、南瓜泥。菜品有：炒青豆泥、八宝芋泥、南瓜饼等。

【切制刀法菜例】　芋松、红油大头菜、青椒肉丝、干煸土豆。

（二）剁

剁，又称斩，是烹饪活动中常用的一种刀法，是指刀垂直向下运动，频率较快地剁碎原料制成泥茸状的一种直刀技法。其可分为单刀剁、双刀剁、单刀背捶、双刀背捶和刀尖（根）排（戳）五种。

1. 单刀剁

单刀剁又称直剁，是刀与砧板面垂直，右手提刀，以小臂用力，刀做上下运动，用力较大，从而将原料剁制成泥茸状的技法。其适用于韧性、脆性的原料，如姜末、蒜末、肉馅。

【操作过程】如图 3-8 所示：

（1）将原料放置于砧板面中间，左手扶砧板边，右手持刀，将刀提起（图 3-8a）。

（2）将刀刃的中前部位对准原料，从左到右、从右到左地反复用力剁制（图 3-8b）。

（3）当原料被剁制到一定程度时，用左手将原料拢起，右手使刀倾斜，用刀将原料铲起归堆（图 3-8c），翻动原料后再剁，如此反复，直至将原料剁碎到符合加工要求为止。

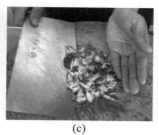

(a)　　　　　　　　(b)　　　　　　　　(c)

图 3-8　单刀剁的操作过程

【操作要领】

（1）右手持刀，运用腕力将原料剁碎，且抬刀不宜过高。

（2）剁制时，用力恰当，以能断料为度，避免刀刃嵌入砧板。

（3）剁制时，运刀要稳、准、匀速，要有节奏感，并酌情翻动原料，使其均匀。

【代表菜例】鲜肉大包、丸子汤。

2. 双刀剁

双刀剁又称排剁，是两手各持一把刀，与砧板面垂直，两刀间隔一定距离，上下交替运动，从而将原料剁制成泥茸状的技法。其适用于韧性、脆性的原料，如姜末、蒜末、肉馅。

【操作过程】如图 3-9 所示：

（1）将原料放置于砧板中间，两手各持一把刀，两刀间隔一定距离，呈八字形或平行（图 3-9a）。

（2）两刀垂直一上一下、从左到右、从右到左地反复交替剁制（图 3-9b）。

（3）当原料被剁制到一定程度时，两刀各向相反的方向倾斜，用刀将原料铲起归堆（图3-9c），翻动原料后再剁，如此反复，直至将原料剁碎到符合加工要求为止。

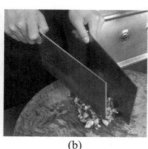

(a)　　　　　　　　(b)　　　　　　　　(c)

图 3-9　双刀剁的操作过程

【操作要领】

（1）两手持刀，运用腕力将原料剁碎，且提刀不宜过高。

（2）剁时用力恰当，以能断料为度，避免刀刃嵌入砧板。

（3）剁时运刀要稳、准、匀速，要有节奏感，并酌情翻动原料，使其均匀。

【代表菜例】酱肉包子、脆臊面。

3. 单刀背捶

单刀背捶是指刀背与砧板面平行，左手扶砧板，刀刃朝上，刀背垂直上下捶击原料，从而将原料捶制成泥茸状或薄片的技法。其适用于细嫩、韧性的原料，如鸡脯肉、里脊肉、鱼肉、虾肉、兔肉。

【操作过程】如图 3-10 所示：

（1）左手扶砧板边，右手持刀，刀刃朝上，刀背朝下，将刀提起（图 3-10a）。

（2）将刀背的中前部位对准原料，从左到右、从右到左地反复用力捶制（图 3-10b）。

（3）当原料被捶击到一定程度时，用左手将原料拢起，右手使刀倾斜，用刀将原料铲起归堆，翻动原料后再捶。如此反复，直至将原料捶制到符合加工要求为止。

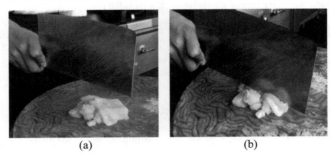

(a)　　　　　　　　　(b)

图 3-10　单刀背捶的操作过程

【操作要领】

（1）刀背要与砧板面平行，加大刀背与砧板面的接触面积，使之受力均匀，提高效率。

（2）捶制时，用力恰当，提刀不宜过高，避免将原料甩出。

（3）捶制时，运刀要稳、准、匀速，要有节奏感，并酌情翻动原料，使其均匀。

【代表菜例】三色鱼丸、鸡豆花。

4. 双刀背捶

双刀背捶是指刀背与砧板面平行，两手各持一把刀，刀刃朝上，刀背朝下，两刀间隔一定距离，刀背垂直上下捶击原料，从而将原料捶制成泥茸状的技法。其适用于细嫩、韧性的原料，如鸡脯肉、里脊肉、鱼肉、虾肉、兔肉。

【操作过程】如图 3-11 所示：

（1）两手各持一把刀，刀背朝下，两刀间隔一定距离，呈八字形或平行（图 3-11a）。

（2）将两刀背的中前部位对准原料，从左到右、从右到左地反复用力捶制（图 3-11b）。

（3）当原料捶击到一定程度时，两刀各向相反的方向倾斜，用刀将原料铲起归堆，翻动原料后再捶。如此反复，直至将原料捶制到符合加工要求为止。

【操作要领】

（1）两刀背要与砧板面平行，加大两者的接触面积，使之受力均匀，提高效率。

（2）捶制时，用力恰当，提刀不宜过高，避免将原料甩出。

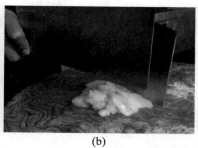

(a)　　　　　　　　　　(b)

图 3-11　双刀背捶的操作过程

（3）捶制时，运刀要稳、准、匀速，要有节奏感，并酌情翻动原料，使其均匀。

【代表菜例】清汤鱼丸、五彩珍珠鸡。

5. 刀尖（根）排（戳）

刀尖（根）排（戳）是指刀垂直上下运动，用刀尖或刀根在原料上排（戳）分布均匀的刀缝，并戳断原料内的筋膜的技法。排（戳）后，原料松弛，便于调味料的渗透，并扩大了受热面积，易于成熟，成菜质感松嫩。其适用于细嫩、韧性的原料，如鸡脯肉、里脊肉、大虾。

【操作过程】

（1）将原料放置于砧板中间，左手扶稳原料，右手持刀，将刀柄提起，刀垂下对准原料。

（2）刀尖在原料上上下运动，排（戳）刀缝。如此反复，直至原料符合加工要求为止。

【操作要领】

（1）刀要保持垂直起落，刀缝间隙要均匀。

（2）用力不宜过大，排（戳）透原料即可。

【代表菜例】香酥肉排、芝麻鸡排。

 知识链接

剁的相关知识

1. 怎样剁肉馅？剁的操作要求是什么？

在烹饪中，馅料的品种繁多，通常以肉馅居多，适宜于蒸、煮、炸、卷、包、瓤、煎等多种烹调方法，应用范围极为广泛。肉馅对菜肴质量影响很大，因此，作为一个厨师，必须掌握烹饪刀工技术中的剁制刀法，正确运用单刀剁、双刀剁的操作方法。

剁肉馅时，一般遵循"细切粗剁"的原则，即在剁制肉馅之前，把瘦肉和肥肉分开，分别切成细丝，再切成小粒，再把两者混合在一起剁——粗剁。如果肉馅剁得过于细腻，熟后质地发硬，口感发柴，达不到软嫩爽口和滋味鲜美的效果。

剁肉馅时，刀法的操作要求如下：

（1）提刀高度适当，不宜过高。

（2）用力均匀，落刀准确。

（3）双刀剁时，两刀要间隔一定距离，呈八字形时，前端刀尖之间的间隔约为5 cm，后端刀根之间的间隔约为9 cm。

（4）双刀剁时，运用手腕的力量，灵活运刀，有节奏地起落，不能相互碰撞。

（5）每剁一遍，翻动一次原料。因为原料在剁制过程中，面积不断扩大，只有及时把原料翻动到一起，才能上下里外剁制均匀，缩短剁制时间，提高剁制质量。

（6）若出现粘刀现象，可将刀刃沾水后再剁。

2. 在用刀背捶制茸泥时，为什么要在砧板上垫一块有少量脂肪的鲜猪皮？

在用刀背捶制茸泥时，刀起刀落次数较多，时间较长，砧板的木屑极易脱落而混入茸泥之中，影响茸泥的色泽、卫生和质量。将原料放在猪皮上捶制，既能防止木屑脱落，洁净卫生，又不串味变色，还可以增加部分脂肪，提高茸泥质量。

另外，当茸泥捶制得较为细腻时，可用刀刃反复叠抹数遍，一方面能进一步看清和清除茸泥上的筋膜，另一方面能使茸泥更加细腻，更有黏性，从而缩短捶制时间。

【剁制刀法菜例】 丸子汤、清汤鱼丸、玻璃鸡片、酥炸肉排。

（三）砍

砍又称劈，是最早的烹饪刀法，也是现代烹饪刀工中的常用刀法之一，它是用力最大、动作幅度最大的刀法。砍是指运用臂力，持刀用力向下运动，砍（劈）断原料的一种直刀技法。其适用于体大、坚硬的原料，如猪排、猪头、大鱼头、整鸡、整鸭。

由于原料不同，砍又可分为直刀砍、跟刀砍、拍刀砍三种。

1. 直刀砍

直刀砍是指左手扶稳原料，右手持刀，对准原料被砍的部位，举刀垂直向下运动，砍（劈）断原料。其适用于体形较大、带骨的韧性原料，如猪排、猪头、鱼头、整鸡、整鸭。

【操作过程】

（1）左手扶稳原料，右手持刀。

（2）将刀举起，将刀刃的中前部对准原料被砍的部位，用力垂直向下运动，一刀断料。

【操作要领】

（1）原料放置平稳。

（2）右手握稳刀柄，防止砍伤手指或震伤手腕。

（3）左手扶料要离落刀位置远一些，防止伤手。

（4）落刀准确，用力要大，一刀断料为好。若需复刀，必须砍在同一刀口处。

【代表菜例】烟熏猪头、魔芋烧鸭。

2. 跟刀砍

跟刀砍是指左手扶稳原料，右手持刀，将刀刃嵌牢在原料被砍的部位，刀与原料同时起落，垂直向下断开原料的技法。其适用于体形较小、带骨的原料，如猪排、猪蹄、小鱼头、鸡爪、鸭翅、冻肉。

【操作过程】

（1）左手扶稳原料，右手持刀，将刀刃嵌牢在原料被砍的部位。

（2）左手持料与刀同时举起。

（3）同时用力垂直向下运动。如此反复，直至原料砍断为止。

【操作要领】

（1）刀刃一定要嵌牢在原料被砍的部位，防止砍空或伤手。

（2）刀与原料同时举起，同时垂直下落。

（3）根据情况，在刀与原料下落时，左手可离开原料。

【代表菜例】糖醋排骨、香辣鸡翅。

3. 拍刀砍

拍刀砍是指右手持刀，将刀刃嵌进原料被砍的部位，左手用力拍击刀背，将原料砍断的技法。其适用于形圆、湿滑、带骨的韧性原料，如鸭(鸡)头、酱鸭(鸡)。

【操作过程】

（1）左手扶稳原料，右手持刀，将刀刃嵌进原料被砍的部位。

（2）左手离开原料并举起，半握拳或伸平。

（3）用掌心或掌根拍击刀背，使原料断开。若原料一刀未断，刀刃不可离开原料，可反复拍击刀背，直至原料完全断开为止。

【操作要领】

（1）原料要放置平稳。

（2）刀刃要嵌进原料被砍的部位。

（3）左手拍击刀背时，用力要迅速有力。

【代表菜例】香酥仔鸡、香酥乳鸽(装盘)。

> ### 知识链接
>
> **砍的相关知识**
>
> 砍可将烹饪原料"化大为小",为其他刀法的施用创造条件,提供适当规格的原料。在各种刀法中,砍是用力和动作幅度最大的刀法,因此,在应用砍刀法时,需要谨慎正确操作,防止出现刀伤事故。俗话说,"刀工操作无小事",尤其对于砍的刀法更是如此。

二、片

在烹饪活动中,"片"的含义既指刀法也指烹饪原料的形状。在烹饪刀工操作中,片的刀法分为平刀法和斜刀法两种。

(一)平刀法

平刀法又称批刀法,是刀身与砧板面平行,刀刃由原料一侧进刀,从另一侧出来,从右到左,将原料片开的一类刀法。这是一种技术较高的刀法,能把原料片成很薄、较大、整齐的片状。按用力方式的不同,平刀法又可分为平刀片、推刀片、拉刀片、推拉刀片(锯刀片)、滚料片和抖刀片。其适用于无骨,质地软、柔、韧、脆、嫩等的多种原料。

1. 平刀片

平刀片是指刀身与砧板面平行,刀刃中部从原料的右端平行推进,一刀平片至左端断料,将原料一层层地片(批)开断料的技法。其适用于易碎的软嫩原料,如豆腐、凉粉、肉冻、鸡(鸭、猪)血。

【操作过程】如图3-12所示:

(1)将原料放置于砧板的里侧(靠腹侧一面),左手伸直顶住原料(图3-12a)。

(2)右手持刀端平,将刀刃的中前部片(批)进原料(图3-12b)。

(3)刀从右向左做平行推进,将原料片断。如此反复一层层片下来,直至将原料片完(图3-12c)。

【操作要领】

(1)右手持刀要稳且平,保持水平直线片进原料,不可忽高忽低,要一刀平片到底。

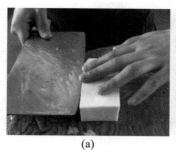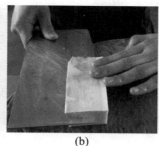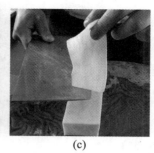

(a)   (b)   (c)

图 3-12　平刀片的操作过程

（2）左手按料的力度恰当，以免将原料挤压变形。

【代表菜例】麻婆豆腐、酸菜鸭血。

2. 推刀片

推刀片是指刀身与砧板面平行，刀从右后方向左前方做平行运动，将原料一层层地片（批）开断料的技法。其适用于脆嫩的原料，如马铃薯、黄瓜、莴笋、榨菜、蘑菇。

【操作过程】

（1）将原料放置于砧板的里侧（靠腹侧一面），左手扶按原料，右手持刀，将刀刃的中前部位对准原料上端被片（批）位置。

（2）刀从右后方向左前方片（批）进原料。

（3）原料片（批）断开之后，左手按住原料，右手将刀移至原料的右端。

（4）将刀抽出，刀脱离原料的同时，用食指、中指、无名指捏住原料，将原料翻转于手掌中。

（5）随即将左手手掌翻回（手背向上），将片（批）下的原料放在板面上。如此反复，直至将原料推片完。

【操作要领】

（1）左手按料的力度恰当，随着刀的推进，左手的手指应稍稍翘起，同时左手按料的食指与中指应分开一些，利于观察原料的厚薄是否符合要求。

（2）右手持刀要稳，刀膛始终与原料平行，推刀果断有力，一刀断料，动作要连贯紧凑。

【代表菜例】榨菜肉丝、炝炒土豆丝。

3. 拉刀片

拉刀片是指刀身与砧板面平行，刀从左前方向右后方做平行运动，将原料一层层地片（批）开断料的技法。其适用于韧性较弱的细嫩原料，如里脊肉、鸡脯肉、猪腰、萝卜、莴笋。

【操作过程】

（1）将原料放置于砧板面右侧。

（2）将刀刃的后部对准原料被片（批）的位置。

（3）刀从左前方向右后方运动，用力片（批）进原料。

（4）刀身贴住片开的原料，继续向右后方运动至原料一端，断料。

（5）随即用刀前端挑起原料一端。

（6）用左手拿起片开的原料，放置于板面左侧，再用刀前端抵住原料一端，并用左手按住原料，手指分开使原料贴附在板面上，将原料抻直。如此反复，直至将原料拉片完。

【操作要领】

（1）左手按料的力度恰当，随着刀的片进，左手的手指应稍稍翘起，同时左手按料的食指与中指应分开一些，以利于观察原料的厚薄是否符合要求。

（2）右手持刀要稳，刀身始终与原料平行，拉刀果断有力，一刀断料，动作要连贯紧凑。

【代表菜例】鲜熘鸡丝、糖醋萝卜丝。

4. 推拉刀片

推拉刀片是将推刀片与拉刀片结合起来，来回推拉的技法。操作时，刀先向左前方行刀推片，接着运刀向右后方拉片，如此反复，直至将原料推拉片完。整个过程如拉锯一般，故又称"锯刀片"。其适用于体大、无骨、韧性较强的原料，如牛肉、猪肉。

【操作过程】

（1）将原料放置于砧板面右侧，左手扶按原料，右手持刀。

（2）运用推刀片的技法，起刀片进原料。

（3）运用拉刀片的技法继续片料。一前一后，一推一拉，如同拉锯，直至将原料推拉片完。

原料起片时有以下两种方法：

从上起片　原料起片的厚薄便于掌握，但原料成形不易平整。

从下起片　原料成形平整，但原料的厚薄不易掌握。

【操作要领】

（1）熟练掌握推刀片与拉刀片的刀法，再将两种刀法连贯起来，持刀要稳、端平，动作要协调自然。

（2）左手要扶稳原料，特别是从下起片时，随着刀的运行，左手指逐渐过渡为左掌心按稳原料。

【代表菜例】干煸牛肉丝、韭黄肉丝。

5. 滚料片

滚料片是指刀身与砧板面平行，刀从右向左运动，原料向左或向右不断滚动，片（批）下原料的技法。其适用于圆形、圆柱形、锥形的原料，如黄瓜、萝卜、丝瓜、茄子、鸡心、鸭心。滚料片可分为以下两种方法：

【操作过程】

（1）滚料上片法

① 将原料放置于砧板面右侧，右手持刀与板面平行，将刀刃的中前部对准原料被片（批）位置。

② 左手扶按原料，并将原料向右推滚，刀随着原料的滚动向左运动，片进原料。如此反复，直至将原料表皮片下为止。

（2）滚料下片法　如图3-13所示。

① 将原料放置于砧板面右侧，右手持刀与板面平行，将刀刃的中前部对准原料被片（批）位置（图3-13a）。

② 左手扶按原料，并将原料向左推滚，刀随着原料的滚动向左运动，片进原料。如此反复，直至将原料表皮片下为止（图3-13b、c）。

  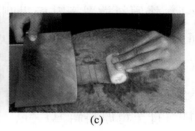

(a) (b) (c)

图3-13　滚料下片法的操作过程

【操作要领】

（1）右手持刀要稳、端平，不可忽高忽低，应用力均匀，否则容易中途将原料片断。

（2）刀片进原料的速度与原料滚动的速度应保持一致，否则影响成品规格，容易造成片出的片厚薄不均。

【代表菜例】鱼香茄饼、香辣黄瓜皮。

6. 抖刀片

抖刀片是指刀身与砧板面平行，刀刃进料后做上下波浪形移动，将原料一层层地片开断料的技法。此法应用较少，适用于一些柔软细嫩的固体原料，如皮蛋、肉糕、肉冻、豆腐干、蛋糕。

【操作过程】

（1）将原料放置于砧板面右侧，右手持刀与板面平行。

（2）刀片入原料后，将刀刃上下抖动，逐渐片进原料。如此反复，直至将原料片断、片完为止。

【操作要领】

（1）刀在上下抖动时，要呈规则的波浪形，即刀距要相等。

（2）左手按料的力度要适当，断面尽量不现刀痕。

【代表菜例】水晶肉冻、五香豆腐干(冷碟)。

(二) 斜刀法

斜刀法是指运刀时，刀身与原料、砧板面成锐角(小于90°)，刀做倾斜运动将原料片断的技法。按运刀的不同手法或刀的运动方向，又可分为斜刀片和反刀斜片。

1. 斜刀片

斜刀片是指刀身与原料、砧板面成锐角，刀背朝右前方，刀刃自右前方向左后方运动，将原料片断的技法。其适用于体薄、韧性的原料，如鱼肉、猪腰、猪牛羊肉、冬笋、白菜帮。

【操作过程】

(1) 将原料放置于砧板里侧，左手扶按原料。

(2) 右手持刀，将刀刃的中部对准原料被片位置。

(3) 刀从原料的右前方向左后方运动，将原料片断。

(4) 每片下一片原料，左手指立即将片移开，再按住原料左端，等待第二刀片入。如此反复，直至将原料斜刀片完。

【操作要领】

(1) 右手持刀要稳，运用腕力，进刀轻推，出刀(拉片)果断。

(2) 左手按稳原料，刀身紧贴原料，避免原料黏附或滑动，刀身的倾斜度要根据原料形状和成形规格灵活调整。

(3) 左右两手动作要协调，有节奏地配合，即刀与左手同时移动，并保持刀距相等。

【代表菜例】清炒鱼片、柠檬白菜。

2. 反刀斜片

反刀斜片是指刀身与原料、砧板面成锐角，刀背朝左后方，刀刃自左后方向右前方运动，将原料片断的技法。其适用于脆嫩、较软的原料，如白菜、冬笋、熟猪肚、鱿鱼、蒜苗。

【操作过程】

(1) 左手扶按原料，中指第一关节微曲，顶住刀身。

(2) 刀身倾斜，右手持刀，用刀刃的中前部对准原料被片位置。

(3) 刀从原料的左后方向右前方运动，将原料片断。如此反复，直至将原料斜刀片完。

【操作要领】

(1) 右手持刀要稳，运用腕力，推刀片料果断。

(2) 左手按稳原料，刀身的倾斜度要根据原料形状和成形规格灵活调整。刀不宜提得过高，以免伤手。

（3）左右两手动作要协调，有节奏地配合，即刀与左手同时移动，并保持刀距相等。

【代表菜例】红油肚片、麻辣耳片。

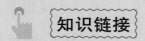 **知识链接**

片的相关知识

一、片，不都是片出来的

在烹饪中，有各种各样的片，片有大有小，有厚有薄，不仅能满足人们物质享受的需要，也能满足人们精神享受——美的享受的需要。刀工创造美，烹调又使形状美观的片变得滋味可口。然而，片的加工方法是不同的，有的是切出来的，有的是片出来的，还有的是削出来的。

在烹饪中，一般来说，氽汤用的片，大而薄一些；炒、爆、熘、烩用的片，小而稍厚一点；烧、烩、煮、煨用的片，较厚一些；鱼、豆腐、马铃薯等质地松软又易碎烂的原料，要片得厚一些；肉（猪、牛、羊、鸡）片、冬笋片等质地较坚硬或带有韧性的原料，要片得薄一些。

二、片，刀工中的表演项目

片，在烹饪刀法中占有重要地位，是烹饪刀工技术中不可缺少的重要组成部分，同时，在原料形状中也占有重要地位，是烹饪过程中的重要工序之一。片的刀法，给厨师提供了一个走到前台与客人面对面的机会，表演精湛的刀工技艺。因此，一个刀工好的厨师，在切、削、片各种各样的片时，必须做到以下五点：

（1）右手持刀平稳，用力轻重适度。

（2）左手按料要稳，力度要适当，以免将原料挤压变形。

（3）左右两手动作要协调，有节奏地配合，即刀与左手同时移动，并保持刀距相等。

（4）片的操作过程中，随时保持砧板的干净。

（5）巧用各种刀法，加工出形状各异的片。

三、成形规格

给各种各样的片命名，不是根据刀法，而是根据原料形状。

（1）柳叶片　状如柳叶的狭长薄片，长约 6 cm，厚约 0.3 cm，如猪肝片。

（2）牛舌片　又称刨花片，因片薄而长，经清水泡后自然卷曲，形如牛舌或刨花，故名。一般长约 12 cm，厚约 0.1 cm，宽约 3 cm，如莴笋片、胡萝卜片。

牛舌片

（3）菱形片　又称斜方片、旗子片，为长约 5 cm、短约 2.5 cm、厚约 0.2 cm 的平行四边形，如莴笋肉片中的莴笋片。

（4）指甲片　因形如指甲，故名。一般为边长约 1.2 cm、厚约 0.2 cm 的正方形片，如宫保鸡丁中的姜片和蒜片。

（5）骨牌片　因形如娱乐工具骨牌，故名。一般分为大骨牌片和小骨牌片两种。

大骨牌片：长约 6 cm，宽约 2.5 cm，厚约 0.4 cm。

小骨牌片：长约 5 cm，宽约 1.8 cm，厚约 0.3 cm，如萝卜连锅汤中的萝卜片。

（6）灯影片　又称大薄片，长约 8 cm，宽约 4 cm，厚约 0.1 cm，如灯影牛肉和灯影苕片中的片。

灯影苕片

（7）麦穗片　形如锯齿状的长方片，长约 8 cm，宽约 2 cm，厚约 0.2 cm，如萝卜片、莴笋片。

（8）斧楞片　又称斧头片，因形似斧头、为上厚下薄的长方形薄片而得名。一般长约 5 cm，宽约 2 cm，背厚约 0.3 cm，如家常海参中的海参片。

（9）连刀片　又称火夹片，即两刀一断，切成两片连在一起的长方形片或圆形片。每片厚约 0.2 cm，如鱼香茄饼中的茄片、甜烧白中的肉片。

（10）月牙　将圆柱形或近似圆柱形的原料顺切成两半，再横切成半圆形的片。每片厚约 0.2 cm。

三、剖刀法

剖刀法是指在加工后的坯料上，或切或片，剖成深而不断，横竖交叉且有规律的各种刀纹的技法。它以直刀法、平刀法和斜刀法为基础进行综合运用，技术性强，艺术性高，操作精细，是烹饪刀工中的一种特殊刀法。当原料加热后，会蜷缩成各种美观的形状，故其又称为"花刀""混合刀法""划刀法""锲刀法"。剖刀的目的是使原料在烹调时易入味，在旺火短时间烹调中迅速成熟，保持脆嫩，并产生美化效果。

根据运刀方向和角度不同，剖刀法可分为：直刀剖、直刀推剖、斜刀剖和反刀斜剖。这些剖法，与相应的直切、推切、斜刀片、反刀斜片相似，不同的是剖刀法不把原料切断或片断。

（一）直刀剁

适用于脆嫩、韧性的原料，如黄瓜、莴笋、萝卜、猪腰、鱿鱼、墨鱼。

【操作过程】

（1）左手扶稳原料，用中指第一关节弯曲处顶住刀身。

（2）右手持刀，将刀刃的中前部对准原料被剁位置。

（3）刀从上至下，做垂直运动，待刀剁到原料一定深度时，停止运行。如此反复，直至将原料剁完。

【操作要领】

（1）右手持刀要稳，用力适当，进刀深度要做到深浅一致。进刀深度一般为原料厚度的 1/2 或 2/3；少数韧性强的原料，可达原料厚度的 3/4 或 4/5。

（2）左手扶稳原料，向左后方向做匀速移动。

（3）左右两手密切配合，有节奏地做匀速运动，保持刀距均匀。

【代表菜例】盐水胗花、椒麻鱿鱼卷。

（二）直刀推剁

适用于脆嫩、韧性的原料，如猪腰、猪肚头、鱿鱼、墨鱼、鱼肉、里脊肉、鸡胗。

【操作过程】

（1）左手扶稳原料，用中指第一关节弯曲处顶住刀膛。

（2）右手持刀，将刀刃的中前部对准原料被剁位置。

（3）刀从上至下，自右后方向左前方运动，待刀推剁到原料一定深度时，停止运行。如此反复，直至将原料推剁完。

【操作要领】

（1）右手持刀要稳，用力适当，进刀深度要做到深浅一致。进刀深度一般为原料厚度的 1/2 或 2/3；少数韧性强的原料，可达原料厚度的 3/4 或 4/5。

（2）左手扶稳原料，向左后方向做匀速移动。

（3）左右两手密切配合，有节奏地做匀速运动，保持刀距均匀。

【代表菜例】菊花鱼、宫保腰块。

（三）斜刀剞

适用于脆嫩、韧性的原料，如猪腰、猪肚头、鱿鱼、墨鱼、鱼肉、里脊肉、鸡胗。

【操作过程】

（1）左手扶稳原料，用中指第一关节弯曲处顶住刀膛。

（2）右手持刀，刀与原料、砧板面呈斜角，将刀刃的中前部位对准原料被剞位置。

（3）刀自右后方向左前方运动，待刀拉剞到原料一定深度时，停止运行。如此反复，直至将原料拉剞完。

【操作要领】

（1）右手持刀要稳，用力适当，进刀深度要做到深浅一致。进刀深度一般为原料厚度的 1/2 或 2/3；少数韧性强的原料，可达原料厚度的 3/4 或 4/5。

（2）刀与原料、砧板面的倾斜角度要保持一致。

（3）左手扶稳原料，向左后方向做匀速移动。

（4）左右两手密切配合，有节奏地做匀速运动，保持刀距均匀。

【代表菜例】眉毛腰花、灯笼鱿鱼。

（四）反刀斜剞

适用于脆嫩、韧性的原料，如猪腰、猪肚头、鱿鱼、墨鱼、鱼肉、里脊肉、鸡胗。

【操作过程】

（1）左手扶稳原料，用中指第一关节弯曲处顶住刀身。

（2）右手持刀，刀与原料、砧板面呈斜角，将刀刃的中前部对准原料被剞位置。

（3）刀自左后方向右前方运动，待刀推剞到原料一定深度时，停止运行。如此反复，直至将原料推剞完。

【操作要领】

（1）右手持刀要稳，用力适当，进刀深度要做到深浅一致。进刀深度一般为原料厚度的 1/2 或 2/3；少数韧性强的原料，可达原料厚度的 3/4 或 4/5。

（2）刀与原料、砧板面的倾斜角度要保持一致。

（3）左手扶稳原料，向左后方向做匀速移动。

（4）左右两手密切配合，有节奏地做匀速运动，保持刀距均匀。

【代表菜例】麦穗猪肚、火爆腰花。

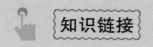

剞的相关知识

剞，是一种"不切断，不片断"的特殊刀法。剞刀时，根据原料成形的要求，待刀剞到原料一定深度时停刀，能制成菊花形、荔枝形、十字形等形状。如果再辅以其他刀法加工原料，还能制成麦穗形、灯笼形、葡萄形、牡丹形等更多种美观的形状。

1. 剞刀的要求是什么？

无论哪种剞刀，都应做到用力均衡，每边运刀倾斜角度一致，刀距均匀、深浅一致。较厚的原料运用直刀剞的较多，较薄的原料运用斜刀剞的较多，且斜度可大一点。

特殊原料的剞刀要求：

鱼类：鱼类分为淡水鱼和海鱼两种。在具体操作时，若是淡水鱼，因其韧性、黏性较强，剞刀刀距应细小些，这样能保证成形美观；海鱼韧性、黏性较差，鱼肉易松碎，刀距应剞大一点，以防断裂或脱落。

鱿鱼、墨鱼：一般用来剞刀的韧性原料，如猪腰、鱼肉、肚仁、鸡胗，其肉质纹路是交叉的，经剞刀处理后再加热，没有固定的卷曲方向，一般规律是刀纹深的地方卷曲程度大，卷曲方向由刀纹深度决定。而鱿鱼、墨鱼的肉质纤维组织是直的，受热后卷曲的方向性很强，是从头卷到尾的。若剞刀方向正确，且刀的倾斜角度、深度、刀距一致，则它们的受热卷曲性超过其他任何原料，形态非常美观。

2. 经过剞的原料有何优点？

（1）成熟快　原料经剞刀之后，看似一个整体，实则如丝、如粒，增大了原料的受热面积，尤其是对于体形较大的原料，受热后熟得快，从而缩短了烹饪时间，适应快速烹调技法的要求。

（2）入味快　原料经剞刀之后，组织细胞破裂，渗出很多汁液，可增加菜肴的风味，同时，又易于吸收调味料的色泽和滋味，使原料入味快而均匀，成菜味道适口。

（3）易于挂糊　原料经剞刀之后，表面出现刀纹，较为粗糙，烹制时易于挂糊上浆，粘挂芡汁。

（4）便于食用　原料经剞刀之后，刀口缝隙多，便于就餐者食用。

（5）丰富菜肴品种　猪腰、猪肚头、鱿鱼、鱼肉、里脊肉、鸡胗等韧性原料，经过剞刀之后，形状发生改变，再经加热卷曲成各种各样的美丽花纹，使同一原料出现不同形状，从而丰富菜肴品种。

（6）菜肴名称典雅优美　原料经剞刀之后，加热卷曲成形态各异、形象逼真的花纹，再根据这些形态命名菜肴，菜名典雅优美，如菊花鱼、葡萄鱼、珊瑚鱼、玉米鱼、凤尾腰花、荔枝腰块、泡椒鱿鱼卷、宫保墨鱼花。

（7）诱人食欲　原料经剞刀之后，加热卷曲成各种美丽的形状，花纹（刀纹）明显，从而增进菜肴的外形美观，诱人食欲。

3. 鱼的腹部为何不能剞花刀？

鱼的腹部肉质浅薄，腹内空荡，若剞上较深的花刀纹，加热时鱼肉失水收缩，鱼的腹部会从刀口处裂开，出现空洞，破坏鱼体的完整和形态美观，影响成菜质量。

4. 鱿鱼、猪腰要怎样剞刀？为什么？

鱿鱼、猪腰在刀工处理时，要求从原料里面剞花刀。这是因为里面的肉质细嫩，光滑平整，韧性较强。剞刀时，易于掌握刀口深度，防止碎断，而且加热收缩后易于卷曲成形。若在原料表面剞刀，则不易卷曲，影响菜肴质量。

5. 经过剞刀的腰花，加热后不卷曲的原因是什么？

（1）原料不新鲜，或冷冻时间过长，原料质地失去了脆韧的特性。

（2）剞刀的深度不足原料厚度的3/4或4/5。

（3）加热时，火候掌握得不准，温度过高或过低。

6. 经过剞刀的鱿鱼、墨鱼，加热后不卷曲的原因是什么？

（1）原料质量差，干制前已变质或为死鱼，原料质地失去了脆韧的特性。

（2）采用强行烘烤的方法干制。

（3）原料用碱水发制时，水温过高，碱液过浓，浸泡时间过长，鱼体受到强碱腐蚀而表层溶化，肌肉纤维失去了脆韧的特性。

（4）剞刀的深度不足原料厚度的3/4或4/5，或者已剞穿、剞断。

（5）加热时，火候掌握得不准，温度过高或过低。

7. 成形规格

由剞刀法加工出来的烹饪原料，不同于切出的丝、片出的片、砍出的块，而是千姿百态、形状美观的"象形块"。人们根据它们的形象命名，常用的形状就有数十种，具有代表性的有：

剞刀法的成形方法与规格示例

（1）凤尾形　在厚度约为1 cm，长度约为10 cm的原料上，先顺着纹路用反刀斜剞，刀距约为0.4 cm，再横着用直刀切三刀一断，刀距约为0.3 cm，深度为原料的1/3或2/3，呈长条形。经加热卷曲后，即成凤尾形，如凤尾腰花、凤尾肚花。

（2）菊花形　在厚度约为2 cm的原料上，剞上交叉十字刀纹，刀距约为0.3 cm，深度为原料的3/4或4/5，再切成约为3 cm见方的块。经加热卷曲后，即呈菊花形，如菊花鱼、菊花里脊、菊花鸡胗、宫保肉花。

（3）荔枝形　在厚度约为1 cm的原料上，用反刀斜剞上刀距约为0.5 cm的交叉十字刀纹，深度为原料的3/4或4/5，再切成边长约为3 cm的菱形块、三角形块。经加热卷曲后，即呈荔枝形，如火爆肚花、荔枝腰块、荔枝鱿鱼卷。

（4）麦穗形　在厚度约为1 cm的原料上，用反刀斜剞上刀距约为0.4 cm的交叉十字刀纹，深度为原料的3/4或4/5，再切成宽2.5~3 cm、长6~8 cm的长条形。经加热卷曲后，即成麦穗形，如清汤麦穗肚、鲜椒麦穗腰花。

（5）牡丹形　在鱼的两面均剞上深至鱼骨的刀纹，刀距约为3 cm，剞4~7刀。用刀平片（排）进约为2.5 cm。翻起鱼肉片，再在每片上剞一刀。经加热后鱼肉翻卷，即呈牡丹花瓣的形态，如糖醋脆皮鱼、焦熘全鱼、糖醋黄河鲤鱼。

（6）松鼠形　将鱼去头后，沿鱼脊骨用刀片至离鱼尾约3 cm处停刀，斩去鱼脊骨，再片去胸刺骨。接着在两扇鱼肉上剞上直刀纹，刀距约0.5 cm。再横着鱼肉纹路用斜刀剞上刀纹，刀距约为0.3 cm。直刀纹和斜刀纹均剞至鱼皮，且两刀相交构成菱形刀纹。经加热卷曲后，即呈松鼠形，如松鼠鳜鱼。

（7）鱼鳃形　在厚度为1 cm的原料上，用直刀剞上刀距约为0.3 cm、深度为原料的3/5的刀纹，再顺着纹路用斜刀片成刀距约为0.4 cm、深度为原料的4/5的刀纹。两刀一断。经加热卷曲后，即呈鱼鳃形。若是对鱿鱼、墨鱼剞刀，就必须讲究行刀方向，方向正确则花形卷曲非常美观，如鱼鳃腰花、鱼鳃鱿鱼。

（8）眉毛形　在厚度为1 cm的原料上，用斜刀剞上刀距约为0.4 cm、深度约为原料的3/5的刀纹，再横着纹路用直刀切成刀距约为0.1 cm、长约为8 cm、深度为原料的4/5的刀纹。三刀一断。经加热卷曲后，即呈眉毛形，如眉毛腰花、麻油腰花。

（9）灯笼形　在长约5 cm、宽约4 cm、厚约0.3 cm的片上，用直刀剞上刀距约为0.3 cm、深度为原料的4/5的刀纹，再在原料两端，横着纹路用斜刀各剞上两刀。经加热卷曲后，即呈灯笼形，如灯笼鱿鱼、灯笼腰花。

（10）松果形　在厚度约为0.8 cm的原料上，用斜刀推剞刀距约0.4 cm、深度为原料厚度的4/5，进刀倾斜度约为45°。再转一个方向斜刀推剞。两刀纹相交角度为45°，切成长5 cm的三角块，或长5 cm、宽4 cm的块。经加热卷曲后，即呈松果形，如糖醋鱿鱼卷、油爆墨鱼花。

（11）雀翅形　将圆柱形的原料对剖开，把剖面紧贴砧板，在原料的4/5处，斜切成刀距约0.1 cm的连刀片。断料用刀可灵活掌握，三刀以上，翻折处理即呈雀翅形，如雀翅黄瓜及常用于围边或拼摆的点缀物。

（12）麻花形　在长约4.5 cm、宽约2 cm、厚约0.3 cm的片上，用刀在原料中间划出长约3.5 cm的刀纹，再在刀纹两边各划一道3 cm的刀纹。用手抓住原料两端，将原料一端从中间刀缝处穿过，即呈麻花形，如麻花莴笋、芝麻腰花。

（13）锯齿形　用斜刀在原料上剞出刀距约 0.3 cm、深度为原料厚度的 4/5 的刀纹，再将原料切断，切成刀距约为 0.3 cm 的条。经加热或凉水浸泡卷曲后，即呈锯齿形（又称蜈蚣丝）。例如，炒腰丝、火爆鱿鱼丝、拌白菜丝，或用于点缀、围边，装饰菜肴。

（14）蓑衣形

第一种：在圆柱形原料的一面用直刀剞上一字刀纹，深度为原料厚度的 1/2；再在原料的另一面用直刀剞上一字刀纹，深度也为原料厚度的 1/2，两刀纹相互交叉，即呈蓑衣形，如糖醋蓑衣黄瓜。

第二种：在厚度约为 1 cm 的原料上，用直刀在原料的一面剞上深度为原料厚度的 4/5 的刀纹，再用斜刀也剞上深度为原料厚度的 4/5 的刀纹。将原料翻面，用斜（直）刀剞上深度为原料厚度的 4/5 的刀纹，切成长约 2.5 cm、宽约 1.8 cm 的长方形块，或 3 cm 的正方形块。经加热卷曲后，即呈蓑衣形，如油爆肚仁、油爆蓑衣腰子。

（15）吉庆形　将原料切成约 2.5 cm 见方的块，在正方形块的四面 1/2 处均切上两刀，深度为原料厚度的 1/2。用手掰开方块，即分成两个吉庆形，如三色吉庆、菜肴围边。

（16）象形片　象形片形态多样、美观，在菜肴中常用于中、高档筵席菜肴的配料，或用于冷拼造型、点缀、围边装饰。其操作方法是先将原料加工制成象形坯料，或者用专用模具制成象形坯料，再横切成象形片，如梅花片、麦穗片、桃形片、飞鸽片、叶形片、翅尾片、翅牙圆片、三角片、兔形片、蝴蝶片、寿字形片。

四、其他刀法（辅助刀法）

（一）削

削是烹饪刀工中常用的刀法之一。在烹饪原料的初加工中，很多原料要先去皮，再改刀，故削是烹饪刀工中的基础刀法。削的刀法有两种：推削和拉削。其适用于脆嫩的茎菜类、茄果类原料，如莴笋、马铃薯、萝卜、茄子、冬笋。

【操作过程】

（1）推削　左手持原料，右手持刀，刀刃向外，对准要削的部位，一刀一刀地按顺序削。

（2）拉削　同推削法，不同之处为刀刃向里。

【操作要领】

（1）刀要锋利　若刀不锋利，既影响削的速度，又影响削后原料的外表质量。

（2）用力均匀　若用力不均匀，重一下轻一下，会把原料"连皮带肉"削下来。

【代表菜例】开水白菜、上汤菜心。

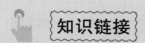

知识链接

削的相关知识

削的刀法主要用于以下三个方面：

（1）原料去片。用刀平着去削原料表面的皮，如削去马铃薯、山药、黄瓜、莴笋、鲜笋、萝卜的皮。

（2）将原料加工成一定的形状，如刀削面的面。

（3）削也是食品雕刻的一种基本刀法。一般来说，用于雕刻的原料，先要削得平整光滑，再削出雕品的轮廓，最后精加工成形象逼真的雕品。

（二）剔

剔是烹饪刀工中常用的刀法之一，是指对带骨原料除骨取肉的刀法。出肉加工，又称剔肉（部位取肉）、剔骨（除肉中之骨），适用于家禽、家畜、鱼类原料。

1. 分档取料

分档取料即对已经宰杀和初步加工的家禽、家畜等整只原料，按其肌肉组织的不同部位，取出适合不同烹调要求的原料的操作过程。它是整个切配工序中的一个重要环节。若取料有误，不仅造成切配困难，浪费原料，而且对菜肴的色、香、味、形，也有较大的影响。

【操作过程】

以生猪剔骨为例：先把猪一分为二，猪皮朝下平放在案板上，用砍刀从颈杆骨与胸椎骨之间的骨缝处砍断，然后依次剔去下列各种骨骼：

（1）出颈椎骨（龙眼骨和颈杆骨）。

（2）出胸椎骨（箅子骨）。

（3）出腰椎骨与肋骨、肋弓（之骨）。

（4）出尾椎骨（尾脊骨）。

（5）出髋骨（胯骨）。

（6）出股骨（后棒子骨）。

（7）出肩胛骨（扇子骨）。

（8）出臂骨（前棒子骨）。

（9）出猪头骨。

【操作要领】

（1）熟记原料部位和名称，准确下刀。家禽、家畜的肌肉之间，有一层可以减少肌肉摩擦的黏膜（结缔组织）。从这里下刀，划开黏膜，把肉与肉之间的界线划清，分别取出不同特点的肉，便于合理使用原料。

（2）按一定的先后顺序进行剔骨操作，分档取料，从而保证肌肉组织不被破坏，保证出肉质量。

（3）刀刃紧贴骨骼进行操作，要做到骨不带肉，肉不带骨，骨肉分离，干净利落，避免浪费。

（4）重复刀口，用刀准确。在分档取料的过程中，第一刀剔制后，第二刀的刀刃要重复在第一刀的刀口处，如此反复。这样，肌肉间的剔制界线清晰，避免剔碎原料。

【代表菜例】红烧肉、炭烧肉。

2. 整料出骨

整料出骨即取出原料（肌肉组织）中的全部骨骼或主要骨骼，又能保持原料的完整形态的操作过程。整料出骨与分档取料相比，技术要求更高，难度更大，是烹饪刀工技术中的一项特殊技艺。

【操作过程】

（1）整鸡（鸭）出骨　①划开颈皮，砍断颈椎骨；②出前肢骨；③出躯干骨；④出后肢骨；⑤翻转皮肤。

（2）整鱼出骨　①出背脊骨；②出胸骨。

【操作要领】

（1）持刀要稳，刀身要平，刀不能左右倾斜。

（2）进刀要准，用力轻重适当，不能碰破原料的皮，以免漏汁漏料，影响菜肴质量。

（3）刀刃紧贴骨骼进行操作。骨头上尽量不带肉或少带肉，避免肉的损耗，从而保证原料整体丰满，形态美观。

【代表菜例】八宝鸡、葫芦鸭。

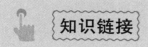 **知识链接**

剔 的 相 关 知 识

剔，是一种精致的刀法。要达到庖丁解牛中的"刀之所至，骨肉分离"的境界，不仅要具备纯熟的刀技，而且要懂得原料肌肉骨骼的结构，懂得原料的分档要求，懂得分档后原料的用途。所以，作为一名合格的厨师，除了掌握必备的刀工技能之外，还应了解"目无全牛"的真正含义。

（三）拍

此刀法要求右手持刀，端平刀身，刀身向下运动，用力拍击原料至松、碎或成薄片，直至符合原料加工要求为止。其适用于脆性、韧性的原料，如姜、葱、蒜、黄瓜、猪（牛、羊）肉、鸡脯肉。

【操作过程】

（1）将原料放置在砧板面上，右手持刀端平，刀刃朝右外侧，将刀举起。

（2）刀向下运动，用力拍击原料。如此反复，至原料松、碎或成薄片，直至符合加工要求为止。

【操作要领】

（1）右手持刀要端平，用力大小要根据原料的特性和菜肴要求来掌握，用力均匀。

（2）若一次拍击达不到要求，可以再次拍击。当拍击原料时，刀顺势向右前方滑动，脱离原料，以免原料黏附在刀身上。

（3）注意板面清洁卫生。

【代表菜例】蒜拌黄瓜、芝麻鸡排。

 知识链接

拍 的 相 关 知 识

在烹饪原料加工中，拍是主要刀法之一，具有特殊作用。

（1）能将较厚的韧性原料拍成薄片，增大原料的面积。

（2）能使姜、葱、蒜等新鲜调味料香味外溢。

（3）能使黄瓜、芹菜、鲜竹笋等脆性原料松、碎，易于入味。

（4）能使猪（牛、羊）肉排、鸡脯肉等韧性原料肉质疏松，烹制后口感鲜嫩。

（四）剜

剜（又称挖）即左手扶稳原料，右手持刀，对准被剜原料的部位，剜出多余的原料，直至符合原料加工要求为止。其适用于脆嫩的原料，如西瓜、香梨、苹果、冬瓜、青椒。

【操作过程】

左手扶稳原料，右手持刀，对准被剜原料的部位，剜出多余的原料，直至符合原料加工要求为止。

【操作要领】

（1）剜时须采用特制的剜刀（或剜勺），用力大小适度。

（2）剜时注意原料四周厚薄均匀，以免穿孔露馅。

【代表菜例】鸡汁冬瓜球、八宝酿梨。

 知识链接

剜的相关知识

剜制刀法是剜空原料内部的刀法，但其常常需要与切、削、旋、刮等多种刀法综合运用。这种先剜空再填充馅料烹制的菜肴，称为酿菜。目前，市场上的酿菜分为两种：填酿和镶酿。

（1）填酿　又称装馅酿，是将原料内部剜空，填入各种馅料，烹制成菜。

（2）镶酿　又称象形酿，是将制成茸的原料镶嵌在主要原料的表面或周围，烹制成菜，此法多在烹饪考试、比赛、技术交流时出现。

（五）旋

旋（又称车）即左手握稳原料，右手持刀，刀刃进入原料表皮向左运动，原料向右旋转。在旋转中，将原料表皮去掉。其适用于脆嫩的植物原料，如各种瓜果、萝卜、莴笋。

【操作方法】

左手握稳原料，右手持刀，刀刃进入原料表皮后，左手用力使原料向右转动，同时，右手用力使刀刃紧贴原料表皮向左转动，在旋转中，将原料表皮去掉。

【操作要领】

（1）用力大小适当，进刀轻巧，快速有力，干净利落。

（2）旋转时，两手动作要协调，要有节奏感，这样旋掉的皮厚薄才均匀。

【代表菜例】八宝酿梨、辣炒黄瓜皮。

（六）刮

刮即左手按（或握）稳原料，右手持刀，用刀刃将原料表皮或污垢等需要去掉的脏料刮下来。其适用于家畜的内脏，猪的头、尾、蹄、肘、皮，以及丝瓜、鲜藕、鱼。

【操作方法】

左手按（或握）稳原料，右手持刀；刀身基本保持垂直，刀刃接触原料；横向运刀，均匀用力，直至将原料刮至符合加工要求为止。

【操作要领】

（1）左手要按（或握）稳原料，以免原料滑动。

（2）横向运刀，用力轻轻地刮。

【代表菜例】雪豆炖肘、麻辣舌片。

思考与练习

1. "勤为本，悟为先"，这句话对你的刀工练习有何启迪？

2. 直刀法中的切可分为几种刀法？分别简述其技术要领。

3. 丝的成形分为哪几种？分别写出其规格。

4. 平刀法分为哪几种刀法？分别简述其操作方法。

5. 写出5种以上片的成形名称及成形规格、代表菜例。

6. 剞刀法在烹调中有何作用？

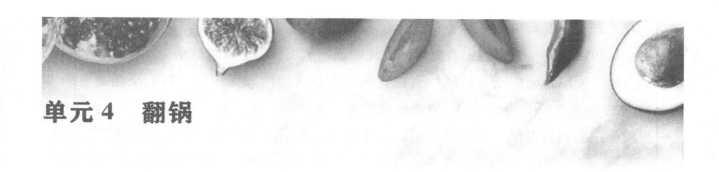

单元4　翻锅

翻锅是厨师临灶运用炒锅的方法与技巧的综合技术，即厨师临灶的功夫，简称翻锅。在烹制菜肴的过程中，运用相应的力度，不同方向的推、拉、送、扬、托、翻、晃、转等动作，使炒锅中的原料能够不同程度地前后左右翻动，使菜肴在加热、调味、勾芡、装盘等方面达到应有的质量要求。

在烹制菜肴的过程中，始终离不开锅的使用，翻锅技术对烹调成菜至关重要，直接关系到成品菜肴的品质，是衡量一个厨师技术水平高低的重要标志。因此，学习烹调技术，首先要掌握好翻锅技术。

一、翻锅的基本知识

翻锅的基本知识主要包括锅(勺)的种类及用途、翻锅的基本要求、锅的保养三方面内容。

(一) 锅(勺)的种类及用途

中国菜肴多数用锅加热。制作锅的材质有铁、不锈钢、铜、铝、陶瓷等，以铁器占绝大多数；在形态上主要有弧形锅与平底锅两类，以弧形锅居多；在结构上，有单锅、双锅与复式锅等，以单锅为主；在用途上有烧炒锅、炖焖锅、煎烙锅等，以烧炒锅为主。双耳炒锅在我国南方地区使用较为广泛，单柄炒锅在我国北方地区使用较为广泛。根据烹制菜肴的容量，锅（勺）分为大、中、小三种不同规格和型号。

目前使用的锅具以弧形锅居多，相当于在球面上削下来一部分，有相当于球形的 1/3、1/2、2/3 等截面。由于弧形锅底部各处与火焰的距离不完全相等，所得到的热量也就不同，造成由锅底传热到锅内原料的温度不均匀。这就需要操作者在操作过程中，对锅具采用不同的操作方法，使原料在锅中均匀受热。

1. 炒菜锅

外形特征：锅底厚，锅壁薄，锅浅，锅较轻。

主要适用于烹制炒、爆、熘等类型的菜肴。

2. 烧菜锅

外形特征：锅底、锅壁厚度一致，锅口径稍大，比炒菜锅深。

主要适用于烹制烧、焖、炖等类型的菜肴。

3. 炒菜勺

外形特征：勺壁比扒菜勺稍厚，略比扒菜勺深，勺口径也比扒菜勺小。

主要适用于烹制炒、爆、熘、烹等类型的菜肴。

4. 扒菜勺

外形特征：勺底比炒菜勺厚，勺壁薄，勺口径大且浅。

主要适用于烹制煎、扒、塌等类型的菜肴。

5. 烧菜勺

外形特征：勺底、勺壁均厚于炒菜勺，勺口径大小与炒菜勺相同，但比炒菜勺稍深。

主要适用于烹制烧、焖、炖等类型的菜肴。

6. 汤菜勺

外形特征：勺底略平，勺壁薄，勺口径大小与扒菜勺相同。

主要适用于烹制汤、羹等类型的菜肴。

还有一类型的勺不用于加热，而是辅助翻动、捞取锅中原料，包括：

手勺　手勺一般由熟铁或不锈钢材料制成，是烹调中搅拌菜肴、添加调味料、舀汤、舀原料、助翻菜肴原料、盛装菜肴的工具。其规格分为大、中、小三种型号。根据烹调的需要，选择使用相应的手勺型号。

漏勺　漏勺内有许多排列有序的圆孔，由熟铁或不锈钢材料制成，是烹调中捞取原料或过滤的工具。

（二）翻锅的基本要求

（1）烹调操作是高温作业，是一项较为繁重的体力劳动，需要有健康的体魄，有耐久的臂力和腕力。

（2）操作时，要保持灵活的站姿，熟练掌握各种翻锅的技巧及使用手勺的方法。

（3）操作时，注意力要高度集中，脑、眼、手合一，两手紧密配合，动作协调、舒展、大方。

（4）根据烹调方法和火力的大小，掌握翻锅的时机和力度。

（三）锅的保养

（1）新锅在使用前要用砂纸或红砖打磨，再用食用油润透，使之干净、光滑、油润。只有这样，在烹调时原料才不易粘锅。

（2）锅每次使用完毕，要刷洗干净，用洁布擦干，保持锅内洁净干燥光滑，这样再次使用时，才不易粘锅。

（3）锅每天使用结束后，要彻底清除锅底部和把柄的污垢杂质，刷洗干净。

二、翻锅的作用

翻锅是厨师重要的基本功之一，操作者翻锅技术功底的深浅直接影响菜肴的质量。锅置于火上，料入锅中，原料由生到熟，只是瞬间变化，稍有不慎就会失饪。因此，翻锅对菜肴的烹调至关重要。其作用主要表现在以下五个方面：

1. 使烹饪原料受热均匀

烹饪原料在锅内温度的高低，一方面通过控制火源进行调节，另一方面运用翻锅技术来控制，通过翻锅使菜肴原料在锅内受热均匀，达到菜肴火候要求。

2. 使烹饪原料入味均匀

由于锅内的原料不断翻动，锅内的各种调味料能够快速均匀地溶解，充分与菜肴中的各种原料混合渗透，使其达到入味均匀的目的。

3. 使烹饪原料着色均匀

通过翻锅技术的运用，可确保成品菜肴色泽均匀一致，如煎、熻、贴等类菜肴的上色。有色调味料在菜肴中的均匀分布，也是靠翻锅技术来完成的。

4. 使烹饪原料挂芡均匀

通过晃锅、翻锅，达到使芡汁均匀包裹原料的目的。

5. 保持菜肴的形态美观

许多菜肴成菜之后，要求保持一定的形态，成形美观，这与翻锅技术密不可分。例如，扒、煎、贴、煸等类的菜肴，需用大翻锅，将锅内的原料进行180°翻转，以保持原料形态完整。

三、翻锅的基本姿势

翻锅的基本姿势，是指从事烹调操作时的"功架"，它主要包括：临灶操作的姿势、握锅的手势。

（一）临灶操作的姿势

临灶操作的基本姿势原则为操作方便，利于提高工作效率，保持身体健康，减轻疲劳，降低劳动强度，动作优美。具体要求如下：

（1）面向炉灶站立，身体与灶台保持一定的距离，大约10 cm。

（2）两脚分开站立，两脚尖与肩同宽，大约40 cm（根据身高适当调整）。

（3）上身保持正直，自然含胸，略向前倾，不可弯腰曲背，目光注视锅中原料的变化。

（二）握锅的手势

由于锅的外形不同，握锅的手势可分为两种。

1. 握单柄锅的手势

【操作过程】左手握住锅柄，手心朝右，大拇指在锅柄上面，其他四指弓起指尖朝上，手掌与水平面约成140°夹角，有利于握住锅柄。

2. 握双耳锅的手势

【操作过程】用左手大拇指扣紧锅耳的左上侧，其他四指微弓朝下、右斜张开托住锅壁。

【操作要领】

（1）用力适度，以握牢、握稳为准。

（2）充分运用腕力和臂力的变化，达到翻锅灵活自如、准确无误的程度。

四、翻锅的基本方法

厨师对锅具的操作方法主要有旋、拌、翻等。

旋　即左手握锅，通过晃动使锅中的原料在锅中顺着一个方向旋转，或运用手勺、手铲拨动原料，使原料在锅中变动位置。通过晃动锅，能调换原料在锅中的位置，使原料在锅中的温度保持一致。

拌　是指用手勺或手铲在锅中将原料上下拌动，使之混合，均匀受热。运用手勺搅拌的幅度应稍大，使不同位置的原料调换位置，达到均匀受热的目的。

以上这两种对锅具的操作方法比较容易，不需要过多的学习就能掌握。而锅具的操作方法之一"翻"，其难度比较大，需要一段时间的刻苦训练才能熟练掌握。

翻　又称"抛锅""颠锅"，是将原料在锅中翻动，适用于炒锅的操作。它需要运用腕力或臂力，使锅的前端向上运动，锅的后端向下运动，锅中的原料在滑动时呈抛物线运动，使锅中原料移位，从而达到翻锅的目的。

翻锅时，一般是左手持握炒锅，右手持握手勺。在烹调过程中，为使原料在锅中受热均匀，成熟度一致，入味、着色、挂芡均匀，除了用手勺搅拌以外，还要用翻锅的方法达到上述要求。翻锅技术的好坏，对菜肴的成品质量至关重要。翻锅的方法很多，按原料在锅中运动幅度的大小和运动的方向，可分为小翻锅、大翻锅、助翻锅、晃锅、转锅等。

（一）小翻锅

小翻锅，又称颠翻，是将原料在锅中部分翻动的一种操作技法，分为前翻锅、后翻锅等。

【操作过程】

（1）左手握住锅柄，端起后使锅的前端略低，使锅中的原料向前滑动。

（2）接着将锅向前送出，迅速向后上方拉回，将锅中部分原料翻转180°，即原料在惯性作用下被抛出后落回锅中。

（3）对于未翻转的另一部分原料，接着重复上述动作。

【操作要领】

（1）小翻锅必须与手勺配合操作，用手勺推着原料翻身。

（2）锅向前送时，手勺紧贴炒锅的底部，顺势推后面的原料一起向前运动，为原料翻转提供助力。

在烹调过程中，小翻锅是最常用的一种翻锅技法。其特点是：原料在锅中运动的幅度较小，能使原料受热均匀，成熟度一致。小翻锅适用于一些加热时间较短的烹调方法，如炒、爆、熘、煸等类型的菜肴，以及烹调过程中勾芡、调味、拌和原料等辅助操作。其具体操作有前翻锅和后翻锅两种。

1. 前翻锅

前翻锅又称正翻锅，是指将原料由锅的前端向锅柄方向翻动的技法，具体又细分为拉翻锅和悬翻锅两种。

（1）拉翻锅　又称"拖翻锅"，即在灶口上翻锅，锅底部位依靠灶口近身的一种翻锅技法。

【操作过程】

① 左手握住锅柄（锅耳），锅略向前倾斜。

② 先向后轻拉，再迅速向前送出。

③ 接着以灶口边沿为支点，锅底部位紧贴灶口边沿呈弧形滑动，至锅前端还未触碰到灶口前沿时，将锅的前端略翘，快速向后拉回，使原料翻转。

【操作要领】

① 通过小臂带动大臂运动。

② 利用灶口边沿的杠杆作用原理，使锅底在上面呈弧形前后滑动。

③ 锅向前送时速度要快，待原料滑送到锅的前端，顺势依靠腕力快速向后拉回，将原料翻转。

④ 拉、送、勾拉，三个动作要连贯、快捷、协调、利落。

（2）悬翻锅　又称"颠锅"，是指将锅端离灶口，与灶口保持一定距离的翻锅技法。

【操作过程】

① 左手握住锅柄，将锅端起，与灶口保持一定距离（约 20 cm），使锅前低后高。

② 先向后轻拉，接着迅速向前送出。

③ 待原料滑送到锅的前端时，将锅的前端略翘，快速向后拉回，使原料翻转。

【操作要领】

① 锅向前送出时，速度要快，并使锅向下呈弧形滑动。

② 锅向后拉回时，锅的前端要迅速翘起。

2. 后翻锅

后翻锅是指将原料由锅柄方向向锅的前端翻转的一种翻锅技法。其适用于单柄锅，主要用于烹制汤汁较多的菜肴，目的是防止汤汁溅到握锅的手上。

【操作过程】

① 左手握住锅柄，先迅速后拉，将锅中的原料滑至锅后端。

② 同时将锅向上托起，至大臂与小臂成 90°。

③ 顺势快速前送，使原料翻转。

【操作要领】

① 向后拉和向上托的动作要同时进行，动作要迅速。

② 当锅向上呈弧形运行，原料滑行至锅后端边沿时，快速前送。

③ 拉、托、送三个动作要连贯协调，一气呵成。

后翻锅在实际工作中一般使用较少，故只要了解有这种翻锅方法即可，一般不要求熟练掌握该翻锅技术。

（二）大翻锅

大翻锅是指将锅中的原料一次性全部翻转 180° 的一种操作技法。大翻锅的动作及原料在锅中翻转的幅度较大，技术难度较大，要求高。既要求将原料整体翻转过来，又要使翻转过来的原料保持整齐、美观、不变形，还要求在翻转原料的过程中，避免汤汁四处飞溅。根据翻锅的动作，可将其分为前翻、后翻、左翻、右翻。它们的目的一致，基本动作大致相同，适用于烹制煎、贴、扒、焗等类型的菜肴。

大翻锅的操作有拉、送、扬、托四个步骤。

拉，就是将锅向里拉回；

送，就是将锅向外送出；

扬，就是运用扣腕的动作，使原料在向前做开口向上的抛物线运动时，稍微改变方向，呈一个反方向的抛物线，即开口向下的一个抛物线；

托，就是锅收回后，等在原料要落回锅的位置，在原料接触锅的一瞬间，同时下移锅，以减轻原料接触锅时的反冲力，从而减小锅对原料的作用力。

【操作过程】

（1）左手握住锅，先晃锅，调整好锅中原料的位置。

（2）将锅略向后拉，接着向前送出，顺势向上扬起锅，将锅中的原料抛向锅的上空。

（3）在上扬的同时，将锅向里勾拉，使离锅的原料呈弧形做 180° 翻转。

（4）原料下落时，将锅向上托起，再顺势与原料一起落下，接住原料。

【操作要领】

（1）翻锅前要将原料在锅中晃动，以保证翻锅时能产生一定的惯性，并适当调整原料的位置。若是整条的鱼，应使鱼尾向前，鱼头向后；若原料为条状的，要顺条翻，不可横条翻，否则易使原料翻散乱。

（2）拉、送、扬、托的动作，要一气呵成，连贯协调，无论是哪一个动作稍有失误，都会影响大翻锅的质量。锅向后拉时，要带动原料向后移动，接着再将锅向前送出，加大原料在锅中运行的距离，再顺势上扬，利用腕力使锅略向里勾拉，使原料完全翻转；接原料时，手腕有一个向上托的动作，并与原料一起顺势下落，以缓冲原料与锅的碰撞，防止原料松散或汤汁四溅。

（3）晃锅时可淋入少量油，增加润滑度，使锅光滑不涩。

（三）助翻锅

助翻锅是指在做翻锅动作时，手勺协助推动原料翻转的一种翻锅技法。其主要在原料数量较多、原料不易翻转，或为使芡汁均匀挂住原料时采用。

【操作过程】

（1）左手握锅，右手持手勺，手勺在锅的上方里侧。

（2）锅向后轻拉，再迅速向前送出，手勺协助锅将原料推送至锅的前端，顺势将锅前端略翘，同时推翻原料。

（3）接着锅迅速向后拉回，使原料做一次翻转。

【操作要领】

（1）锅向前送出时，同时利用手勺的背部由后向前推动，将原料送至锅的前端。

（2）原料翻落时，手勺迅速后撤或抬起，防止原料落在手勺上，在整个翻锅过程中，左右两手配合要协调一致。

（四）晃锅

晃锅是指将原料在锅内旋转的一种勺功技法。它可使原料在锅内受热均匀，防止粘锅；调整原料在锅内的位置，以保证翻锅或出菜装盘的顺利进行。此法应用较为广泛，适用于烹制煎、煸、贴、扒、燔、烧等类型的菜肴。

【操作过程】

（1）左手握住锅柄（锅耳）端平。

（2）通过手腕的转动，带动锅做顺时针或逆时针方向转动，使原料在锅内旋转。

【操作要领】

（1）晃动锅时，通过手腕的转动及小臂的摆动，加大锅内原料旋转的幅度。

（2）用力的大小要适当，若力量过大，原料易转出锅外；力量过小，则原料旋转不充分。

（五）转锅

转锅是指转动锅的一种勺功技法。转锅与晃锅不同，晃锅是锅与原料一起转动，而转锅是锅转，料不转。通过转锅，可防止原料粘锅。其适用于烹制烧、㸆等类型的菜肴。

【操作过程】左手握住锅柄，锅不离开灶口，快速将锅向左或向右转动。

【操作要领】手腕向左或向右转动时，速度要快，否则原料与锅一起转，起不到转锅的作用。

思考与练习

1. 什么是翻锅？在菜肴烹调过程中，翻锅有何作用？
2. 简述翻锅的基本姿势包括哪些方面。
3. 简述小翻锅、大翻锅的操作过程。

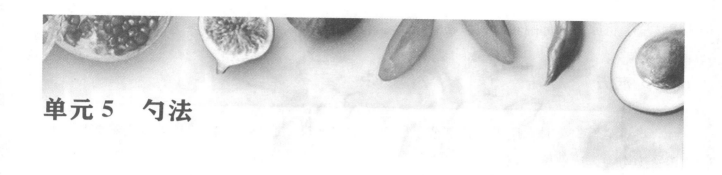

单元 5　勺法

学习目标
1. 掌握握手勺的正确手势和操作要领。
2. 掌握手勺的操作方法。

　　勺功由翻锅动作和手勺动作两部分组成。手勺的使用，在勺功中起着重要的作用，手勺不单纯是舀料和盛菜装盘，还要参与配合左手翻锅。通过手勺和翻锅的密切配合，使原料达到受热均匀、成熟度一致、挂芡均匀、着色均匀的目的。

一、握手勺的手势

　　【操作过程】右手食指前伸（朝向手勺背部方向），指肚紧贴手勺柄，大拇指伸直，食指、中指弯曲，合力握住手勺柄后端，手勺柄末端顶住手心。
　　【操作要领】握稳手勺，牢而不死，用力和变向要做到灵活自如，动作舒展。

二、手勺的操作方法

　　手勺的操作方法分为拌、推、搅、拍、淋五种。

（一）拌法

　　在烹制炒、煸等类菜肴时，原料下锅后，先用手勺直接翻拌原料，将其炒散，再利用翻锅技法，将原料全部翻转，使原料受热均匀。

（二）推法

当对菜肴勾芡时，用手勺背部或手勺口前端向前推动原料或芡汁，扩大其受热面积，使其受热均匀，成熟度一致。

（三）搅法

有些菜肴在即将成熟时，往往需要烹入碗中兑好的芡汁（或味汁），为了使芡汁（或味汁）均匀包裹住原料，要用手勺口侧面搅动，使原料和芡汁（或味汁）受热均匀，并使其融为一体。

（四）拍法

在烹制扒、熘等类菜肴时，先在原料表面淋入水淀粉或汤汁，接着用手勺背部轻轻拍摁原料，使水淀粉向四周扩散、渗透，使之受热均匀，致使成熟的芡汁分布均匀。

（五）淋法

淋法是烹调菜肴重要的操作技法之一，是在烹调过程中，根据需要用手勺舀取水、油或水淀粉，慢慢地将其淋入锅内，使之分布均匀。

思考与练习

1. 简述握手勺的正确手势和操作要领。
2. 手勺的操作方法有哪几种？请简述其内容。

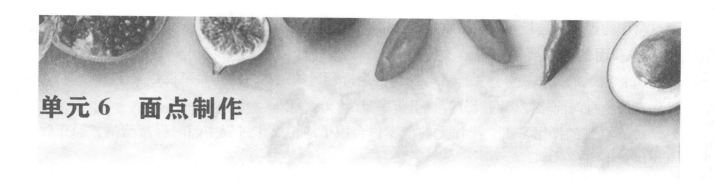

单元 6 面点制作

学习目标

　　1. 了解面点制作基本功的内容。

　　2. 了解各种面团的操作原理，掌握其操作方法。

　　3. 掌握各种面团的成形及成熟技法。

　　面点是指利用面粉与水、油、糖、蛋等调制成面团，通过制皮、制馅、成形和熟制等工艺过程，制作成的具有一定色、香、味、形的食品。通常习惯将麦制品称为"面"，如面粉、面条、面饼、面包及各种面皮；将米、豆等制品称为"粉"，如豆粉、米粉、粉条、粉饼、粉皮、粉片。实际上，"面"和"粉"都是对粮谷类食物研磨粉碎后的细小颗粒的称谓。在多数情况下，整粒谷物被直接用于制成"饭"和"粥"，而面粉则用于制成"面点"。

　　点心不同于面点，是正餐之外的小食，饭前饭后的小食均可称为点心。面点包括饼、馒头、糕、团、面、饭、小吃、茶食等。面点与点心的概念既有联系，又有区别，不能混为一谈。

　　中国面点品种繁多，风味诱人，全国各地都有当地风味特色的面点。面点制作是中国烹饪技艺的一个重要部分，也是烹饪类专业学生必须掌握的专业技能之一。烹饪类专业的学生有必要熟练掌握面点制作技术，使面点制作技术不断向前发展。学习面点制作，先要练习面点制作的基本功。同样，要想学习特色面点品种，更需要夯实面点制作的基本功。面点制作的基本功是学习面点的基础，是每一个面点操作者需要具备的硬功夫。

一、面点制作基本功训练

（一）和面

　　和面是整个面点制作中最初的一道工序，也是一个基本的环节。面和得好坏，直接影响面点制作能否顺利进行和成品品质是否合格。

1. 和面的基本要求

（1）正确的操作姿势　操作者与操作台保持合适的距离，操作台高度以便于施力为宜；操作者的上身向前略倾，两脚分开，呈丁字步。

（2）良好的操作习惯　操作之前把操作台擦干净，操作过程中随时保持清洁，操作后再次整理干净。

（3）熟练的手法　包括具体的操作手法和各种工具的使用手法等，应动作迅速，干净利落，一气呵成，做到"三光"：手光、面光、操作台光。

（4）熟悉原材料的性质　主要是熟悉原料对面团性质的影响，如高筋面粉、中筋面粉、低筋面粉的适用范围，用冷水、温水、热水和面时，面团的不同特点等。

2. 和面的操作方法

（1）抄拌法　适用于调制各类中度软硬的面团，如各种水调面团、膨松面团、油酥面团、杂粮面团。

【操作过程】

① 将面粉置于面板上（图6-1a）。

② 用面刀将面粉分出一个圈（图6-1b）。

③ 在圈中倒入适量的水，用面刀由内向外转圈刨入面粉，直至水不再流动。

④ 把面粉抄拌成雪花状。

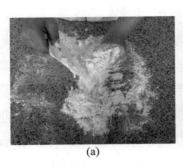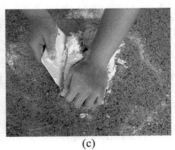

(a)　　　　　　　　　(b)　　　　　　　　　(c)

图6-1　抄拌法

⑤ 当面粉呈雪花状没有干面粉时，将其揉成团（图6-1c），清理干净面刀和案板。

⑥ 继续将面团揉光滑即可。

特别提示

和面时的关键动作是抄拌，一定要抄拌均匀再揉，让面粉颗粒均匀吸水。不要抄拌了一半，还有干面粉时就开始揉。如果没有完全抄拌好，又把干面粉揉了进去，则成品质量不好，最好返工消除面坯中的干粉粒。操作过程中尽量以粉推水或使用面刀，手尽量不要直接接触水，保持手少粘或不粘面团。

（2）搅和法　适用于调制面浆或较稀软的面坯。

【操作过程】

① 将面粉放入器皿（图 6-2a）。

② 加入 2/3 左右的水，先搅和，使之均匀，无干粉颗粒（图 6-2b）。

③ 再加入剩余 1/3 的水，将其稀释均匀即可（图 6-2c）。

 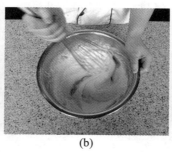 

| (a) | (b) | (c) |

图 6-2　搅和法

特别提示

　　分次加入水的优点：先加部分水，这样面坯比较干，流动性差，阻力大，较易将面粉颗粒调散，使之均匀；反之，如果一次性加入全部的水，面粉颗粒漂浮在水表面，很难将其调散，调出来的面坯就会有干粉颗粒。

（二）揉面

1. 捣（擂）

捣（擂）即在面团和好后，双手握拳，平行或交叉用力向下压面，力量越大越好。

待擂开面团之后，将面团叠拢到中间，再继续擂压，如此反复多次，把面团擂透上劲即可（图 6-3）。其主要用于较硬面团或较大面团的揉制，它是调节面团软硬的重要手法。

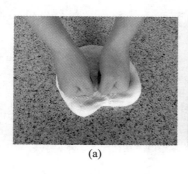 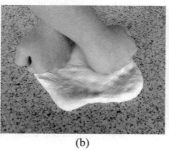 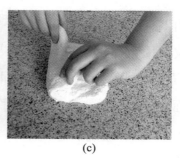

| (a) | (b) | (c) |

图 6-3　捣（擂）

实例：

（1）面团过硬加水　先将面团擂开，抹上水进行擂压，再折叠擂压，反复两三次再进行揉制（图6-4）。如果加水后直接揉，手会滑，很难操作，先擂压让面团吸水均匀后可以防滑。

（2）面团过软加面粉　先将面团擂开，撒上面粉擂压，再折叠擂压，反复两三次再进行揉制（图6-5）。如果加面粉后直接揉，会使面粉四溅，先擂压可以使面粉很快地被吸附，与面团融为一体。

图6-4　面团过硬加水的操作方法　　　图6-5　面团过软加面粉的操作方法

2. 揉

揉是面团制作的一个重要环节，可使面团中的面粉颗粒膨润黏结，均匀吸收水分，使面筋产生弹性，增强劲力。其适用于各种软硬适中的面团，如各种水调面团、膨松面团、油酥面团。

【操作过程】

（1）单手揉

① 右手掌根向斜下方压面（图6-6a）。

② 然后用四指将面团带回（图6-6b）。

③ 用掌根在接口处再向斜下方压面，把收口压紧（图6-6c）。

④ 再用四指将面团带回，再压。将收口面朝上，继续揉，直至面团光滑（图6-6d）。

（2）双手揉　手法同单手揉，可分为两手交替揉（图6-7）或两手同时揉（图6-8）。

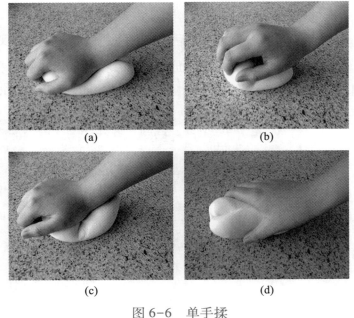

(a)　　　(b)

(c)　　　(d)

图6-6　单手揉

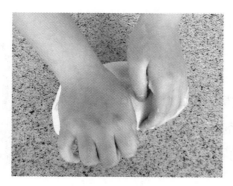 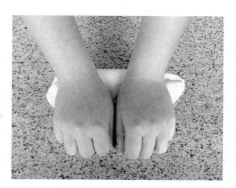

图 6-7　两手交替揉　　　　　　　　图 6-8　两手同时揉

特别提示

（1）在揉制时，要顺着一个方向，不能随意改变方向，否则，面团内形成的面筋网络易被破坏。

（2）在揉制时，摊开和收拢要有一定的顺序，才能将面团揉得光滑。

（3）在揉制时，所需时间视面粉吸水情况和面点成品要求而定，时间可长可短。

3. 搋

搋是用手将面团提起，顺势手握拳，用四指部位向下边搋，边压，边推，把面团向外搋开增大，再将面团卷拢后再搋（图 6-9）。如此反复，直至面团充分吸水均匀，细腻光滑即可。其适用于较软的面团或较分散的面团，如油条面团、汤圆粉团。

 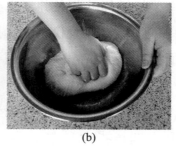
(a)　　　　　　　　　　　(b)

图 6-9　搋

4. 摔

摔是双手或单手持面，向操作台轻摔，至面团摔匀为止（图 6-10）。操作时注意用力大小，保持面团形态。摔有助于面团吸水、面筋的形成，使面团更加润滑。其适用于较稀软的面团，如拉面、春卷面团。

5. 擦

擦是用手掌按面向前推擦，手掌要与桌面沿着一个 $5°\sim10°$ 的角度运行，用力由轻到重。如此反复，直至面团光滑细腻。

图 6-10　摔

（三）搓条

【操作过程】将面团置于操作台上，双手十指分开，掌根按在面团上，双手呈 W 形运行，来回推搓，使剂条由粗到细向两侧延伸，直至剂条呈圆柱形，粗细均匀，表面光洁，符合出条要求(图6-11)。

图6-11　搓条

特别提示

（1）搓条过程中不要撒过多面粉，否则会使面条滑动，不便操作。

（2）搓制的时间不宜过长，否则会使面团表面变干，搓条难以再进行。

（3）搓制动作要快，有力且均匀。

（4）条的粗细根据剂子的大小而定，剂子较大，条就搓得较粗，反之则条就搓得较细。

（四）下剂

1. 摘剂

摘剂即用手扯，左手持搓好的剂条并露出合适的大小，右手拇指、食指和中指扣住左手露出剂条的部位，利用左手食指侧面和右手拇指侧面的合力用力往下摘，将剂条摘断，并顺势将面剂置于操作台面上，排放整齐。其适用于饺子、包子等的下剂。

2. 挖剂

挖剂即左手持面，手心向下，右手四指弯曲，在面剂大小合适处向下一挖，利用四指指尖和左手手掌将面剂挖断，并顺势将面剂放置于操作台台面上，排放整齐，适当撒上少量面粉，便于下一步的操作。其适用于大馒头、大包子等的下剂。

图6-12　切剂

3. 切剂

切剂即用刀将面团切成大小符合要求的面剂，如刀切馒头(图6-12)。

特别提示

下剂的方法很多，可根据不同的面点品种，采用不同的下剂方式。但是，无论采用何种方法下剂，剂子都必须大小相等，形状一致。

（五）擀皮

【操作过程】

（1）左手持面剂上端，右手握擀面杖（图6-13a）。

（2）右手向前推动擀面杖压面剂，擀压到面剂中心位置后退回擀面杖（图6-13b）。

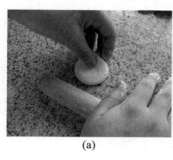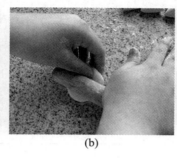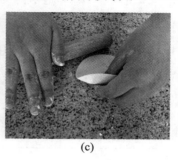

(a)　　　　　　　　　　(b)　　　　　　　　　　(c)

图6-13　擀皮

（3）左手持面剂逆时针方向旋转30°~60°，右手再次推擀面杖擀压，同第二步（图6-13c）。

（4）如此反复，直至擀出大小、厚薄合适的面皮。

特别提示

（1）推压时用力，撤回时不用力。

（2）每次操作应旋转相同角度，用力大小一致。

 能力培养

面点制作基本功实训

一、实训目的

通过学生实际操作，教师指导，学生掌握面点制作基本功中最基本的和面、揉面、搓条、下剂、擀皮的技能。

二、实训准备

（1）原料　面粉150 g，清水68 g。

（2）工具　操作台、擀面杖、面刮、干净毛巾、量杯、称量器等。

三、实训内容

（1）调制面团　面粉加入清水和匀，揉制成面团。

（2）搓条、下剂、擀皮　将面团搓成圆柱形长条，摘成剂子，用擀面杖擀成直径为6 cm的圆皮。

面点制作基
本功实训

四、实训过程质量标准

（1）面团软硬度　面团为冷水软面团。

（2）"三光"　操作台光、面团光、手光。

（3）搓条　将面团搓成长条，呈圆柱形，粗细均匀，光滑细腻。

（4）下剂　用手摘出重约10 g的剂子，大小合适，摆放整齐。

（5）擀皮　用擀面杖擀成直径为7 cm的圆皮，厚薄均匀。

（6）卫生　随时注意操作过程卫生整洁，物品摆放整齐。

五、评分尺度

考核环节	评分尺度	分值
面团软硬度	面粉和水的比例出错，酌情扣1~20分	20分
"三光"	面团不光，扣1~8分 操作台不光，扣1~4分 手不光，扣1~3分	15分
搓条	操作手法不正确，扣1~12分 成形整体美观度不够，扣1~8分	20分
下剂	操作手法不正确，扣1~10分 剂子大小不一，扣1~7分 剂子摆放不整齐，扣1~3分	20分
擀皮	操作手法不正确，扣1~10分 皮坯不圆，扣1~5分 厚薄不均或厚度不合格，扣1~5分	20分
卫生	操作环节不整洁或物品摆放不整齐，扣1~5分	5分

二、面团基础知识

（一）水调面团

水调面团是将面粉加入水及少量食盐、小苏打等，和匀，掭揉调制成的面团，其质地坚实，富有韧性、筋性，熟制后成品滑爽而有弹性。它是面点制作工艺中最基础的面团，运用十分普遍，如用于水饺、抄手、各式面条、花饺的制作。

1. 面粉的组成及水调面团的调制原理

面粉的组成：普通面粉主要由淀粉、蛋白质和少量纤维素、无机盐组成。

水调面团的调制原理：水调面团主要是通过蛋白质吸水的溶胀作用和淀粉的糊化作用形成的。面粉颗粒中的蛋白质含有较强的吸水基团，当面粉与水接触之后便开始迅速吸水溶胀，由外向内渗透，再借助外力（揉、搋、捣），使吸水溶胀更加迅速，蛋白质吸水后相互黏结便形成了面筋，淀粉和其他纤维素、无机盐等也通过吸水，增强了黏性，并被面筋吸附和包裹，便形成了水调面团。

2. 水调面团的分类及特点

根据水温不同，水调面团分为冷水面团、热水面团、开水面团。

（1）冷水面团　冷水面团使用常温（40℃以下）下的水来调制，此时面团的形成主要依靠蛋白质的溶胀作用，淀粉的变化很小，只是吸水并未糊化。冷水面团制品口感较为劲道，制作方便快捷，所以应用较为广泛，绝大多数麦类面点都属此类，如饺子、包子、面条。

（2）热水面团　此类面团采用60～100℃的热水调制。水的温度超过60℃，淀粉开始糊化，温度越高，糊化作用越强，而蛋白质此时开始变性凝固，吸水性较差，温度越高，变性作用越强。根据水温的不同，可分为三生面和四生面，此类面团可塑性较强，成熟时间短，不易变形，适合制作造型较为复杂和精致的点心，如各类花式蒸饺。

（3）开水面团　热水面团调制时用的是热水，但调制过程中温度不会始终保持不变，而开水面团为全熟面，调制时需保持持续加热，温度基本是保持在100℃的状态，面粉中的蛋白质完全变性凝固，淀粉糊化也达到了最大化，面团具有较强的黏性。应用开水面团的面点品种极少，有波丝油糕、澄粉类面点、面塑面团等。

3. 水调面团的掺水量

水调面团中的水主要以结合水和游离水两种状态存在。结合水渗透到蛋白质、淀粉的内部，而游离水存在于蛋白质、淀粉、纤维素和无机盐表面或之间。结合水的量是有上限的。由于面粉本身含有一定的水分（属于结合水），和面时加入的水，大概有面粉自重10%左右的水会被转化成结合水，其他则不管有多少都会处于游离态，所以此时面团的性质主要是由游离水决定的。

水调面团按用水量的多少，分为硬面团、软面团、炟面团、浆糊。

（1）硬面团　此类面团掺水量较少，游离水和结合水比例相当，游离水较少些，面团较硬，难成形，一般需借助工具或机械进行操作。其应用的品种不多，有手工面、抄手皮等。

（2）软面团　此类面团掺水量适中，游离水所占比例加大，面团软硬适中，操作方便，适合制作的品种较为广泛，有饺子、包子、烧卖等。

（3）炻面团　此类面团掺水量多，面团较软，游离水所占比例较大，通常无法揉制，一般采用搋的手法调制。其代表品种不多，有春卷皮、油条、剔尖、馅饼等。

（4）浆糊　此类面团掺水量大，为浆状，水主要以游离态存在，流动性强，一般采用搅合法调制。其应用的品种较少，成熟方法以摊为主，如煎饼、薄饼、发糕、蛋烘糕。

4. 水调面团操作实例——钟水饺

【原料】

面团：面粉 250 g、盐 2 g、清水 120 g。

馅心：猪肉馅 250 g、鸡蛋 1 个、盐 3 g、料酒 5 g、芝麻油 5 g、白糖 3 g、白胡椒粉 1 g、姜葱水 70 g（大葱 20 g、老姜 10 g,共同泡水）。

浇头：蒜泥 10 g、复制酱油 10 g、红油辣椒 20 g、熟芝麻 5 g、葱花 5 g。

复制酱油：红糖 250 g、冰糖 50 g、黄豆酱油 300 g、香叶数片、小茴香少量、八角 1 颗、桂皮 5 g、山奈 2 g、老姜 10 g、大葱 20 g。

【制法】

（1）熬复制酱油　将制作复制酱油的各种原料放入锅中烧沸，转小火熬至浓稠，滤去渣滓待用。

（2）调馅　将猪肉馅放入盆中，加入盐、白胡椒粉、白糖、鸡蛋、料酒，搅拌上劲，分数次加入姜葱水（每次均须搅打上劲），最后加入芝麻油拌匀成馅。

（3）和面　面粉放入盆中，加入盐、清水，揉成光滑的面团后用湿毛巾盖住饧制 5 min 待用。

（4）成形　将饧好的面团搓成长条，下剂成重 6 g/个的剂子，擀成直径为 6 cm 的圆皮，包馅，对叠成半月形，用力捏合边口成钟水饺生坯。

（5）成熟　旺火沸水，生坯入锅后立即用勺轻轻推动，防止粘锅。水沸后分三次加入少量冷水，保持水沸而不腾。待饺子浮起，饺子皮发亮即熟。用漏勺捞出，沥干水分，盛入碗中，淋上复制酱油，放入蒜泥和红油辣椒，撒上少许熟芝麻和葱花即成。

【操作要领】

（1）肉馅须剁细，馅心才会细嫩，否则馅心口感粗糙。

（2）调制馅心时，姜葱水应分次加入，避免馅心吐水发澥。

【特点】皮薄馅嫩，咸甜辣味兼备。

（二）膨松面团

膨松面团就是在调制面团的过程中，加入酵母、化学膨松剂或通过机械作用，使面团组织内部发生物理、化学等变化，从而产生孔洞和气体，达到膨大、疏松效果的面团。

1. 生物膨松面团

（1）生物膨松原理　生物膨松面团是利用微生物（酵母）发酵达到膨松的面团。

目前所用的酵母多是工业培养和提纯制成的纯干酵母，生物膨松面团一般采用的都是活性干酵母直接发酵。酵母是一种微生物，它在合适的温度、湿度和养分中，便开始生长、代谢、繁殖，在这一过程中会产生大量二氧化碳气体，这些气体被面团包裹形成气室，也就是食用面制品时看到的孔洞。发酵的过程就是酵母代谢繁殖的过程。酵母活动的适宜温度为 $20\sim30℃$，高于 $60℃$ 酵母便开始死亡，当加热成熟时，酵母便全部死亡留下气室，形成了我们看到的膨松效果。

采用自然发酵的生物膨松水调面团在合适的温度和湿度条件下，有足够的时间便会发酵，但除了生长酵母之外还会生长其他的菌类，如乳酸菌、醋酸菌，它们代谢会产生乳酸和醋酸，使面团有较重的酸味，此时需加食用碱进行中和（即兑碱）才能去除酸味。

（2）影响发酵的因素　面团发酵主要受面粉质量、酵母数量、发酵温度、面团软硬度、发酵时间等因素影响，它们会相互影响、相互制约。

面粉质量　高筋面粉筋性强，包裹气体能力好，但是发酵阻力大，不易发酵，需长时间发酵；低筋面粉筋性弱，包裹气体能力稍差，成熟易塌陷，但是发酵阻力小，易发酵，发酵时间较短；中筋面粉刚好将两者的优点结合于一身，发酵度较容易把握，应用较广。

酵母数量　酵母数量多，发酵快；数量少，则发酵速度慢。根据面粉的量按比例投放酵母，一般占面粉的 2%，根据实际情况确定。

发酵温度　以 $20\sim30℃$ 最适宜。温度高，发酵速度快；温度低，发酵速度慢。

面团软硬度　面团软，发酵速度快；面团硬，发酵速度慢。

发酵时间　发酵时间越长，发酵越充分。一般按照面粉量的 2% 加入酵母，在适宜的温度下，需 $15\sim40$ min 不等。

（3）发酵面团种类　发酵面团可分为大酵面、嫩酵面和戗酵面。

大酵面　是指经过充分发酵过的面团，达到完全发酵的程度。其应用范围较广泛，如制作各种包子、馒头、花卷。

嫩酵面　是指发酵不足的发酵面团，未经充分发酵。其适用于制作汤包、小笼包等。

戗酵面　是在大酵面的基础上，加入较多的干粉揉搋而成。其适用于制作馒头类，如门丁馒头、高庄馒头、千层馒头。

（4）生物膨松面团操作实例——小笼包

【原料】

面团：面粉 250 g、酵母 4 g、泡打粉 3 g、盐 1 g、水 135 g、白糖 10 g、猪油 5 g。

馅心：猪肉馅 200 g、姜葱水 40 g、鸡蛋 1 个、葱花 40 g、盐 3 g、姜米 5 g、酱油 2 g、料酒 2 g、芝麻油 2 g、白糖 3 g、白胡椒粉 1 g、猪油 10 g。

【制法】

（1）调馅　猪肉馅中加入盐、白胡椒粉、白糖、鸡蛋、姜米、葱花、料酒、酱油搅拌上劲，分次加入姜葱水，最后加入芝麻油和猪油拌匀成馅。

（2）和面　将盐和猪油倒入面粉中搅拌均匀，用水将酵母、泡打粉、白糖搅拌均匀，直至白糖全部溶化，再倒入面粉中搅拌并揉至面团光滑，在面团表面盖上湿毛巾，饧制 3 min。

（3）成形　将面团揉光滑后搓条，下剂成重 25 g/个的剂子，擀成中间厚、边缘稍薄的圆皮，包入馅心，捏出 18 个以上的褶皱，放入刷过油的蒸笼中，静置发酵。

（4）成熟　发酵完毕，放入沸水锅，上笼蒸 10 min 取出装盘。

【操作要领】

（1）面团要揉至光滑，在蒸的过程中不能揭开笼盖，以免影响成形效果。

（2）在气温较低的情况下，可将蒸笼放入温水中发酵，能够大大缩短发酵时间。

【特点】 表皮洁白松泡，馅心鲜嫩多汁。

2. 化学膨松面团

化学膨松面团是指利用食品膨松剂达到膨松的面团。

（1）食品膨松剂分类　单质膨松剂，常用的有小苏打、臭粉等；复合膨松剂，常用的有发酵粉（泡打粉）、矾碱（明矾和食用碱的总称）等。但根据国家相关规定，馒头、发糕等面制品（除油炸面制品、挂浆用的面糊、裹粉、煎炸粉外）不能添加含铝膨松剂硫酸铝钾和硫酸铝铵，即明矾。

（2）化学膨松原理　单质膨松剂和复合膨松剂都具有相应的化学性质，单质膨松剂和复合膨松剂在加热时会发生相应的化学反应，产生大量二氧化碳气体，使面团膨胀，在面团内部形成大量的气孔，使制品膨松。

小苏打发生的化学反应：

$$2NaHCO_3 \rightarrow Na_2CO_3 + CO_2 \uparrow + H_2O$$

臭粉发生的化学反应：

$$NH_4HCO_3 \rightarrow NH_3 \uparrow + CO_2 \uparrow + H_2O$$

发酵粉（小苏打+酒石酸氢钾）发生的化学反应：

$$NaHCO_3 + HOOC(CHOH)_2COOK \rightarrow NaOOC(CHOH)_2COOK + CO_2 \uparrow + H_2O$$

矾碱发生的化学反应：

$$2KAl(SO_4)_2 \cdot 12H_2O + 6NaHCO_3 = K_2SO_4 + 2Al(OH)_3 \downarrow + 6CO_2 \uparrow + 3Na_2SO_4 + 24H_2O$$

（3）化学膨松面团操作实例——油条

【原料】 面粉 1 000 g、泡打粉 14 g、小苏打 8 g、盐 10 g、鸡蛋 3 个、水 440 g、色拉油 80 g。

【制法】

（1）和面 鸡蛋打散入盆，加入泡打粉、小苏打、盐、水和色拉油搅匀，然后倒入面粉中，揉成光滑的面团。

（2）饧面 将面团摊开，对叠成四层(称为"蝴蝶叠")，饧制约 20 min。重复以上步骤三次。最后一次叠压后，将面团分成 2 份，用湿毛巾盖住继续饧面。饧面时长共计 2 h 左右。

（3）成形 将饧好的面团擀开成约 8 cm 宽、0.5 cm 厚的长方形片，再切成约 3 cm 宽的面片。将两片面片叠在一起，用筷子压紧中间，两端略拉长，成油条生坯。

（4）成熟 将油加热至 180℃，生坯下入锅中炸制(可用小剂子试油温，剂子下锅即浮起则表明油温适宜)，待油条浮起后用筷子将其来回翻动，炸至油条膨胀，表面呈金黄色，起锅。

【操作要领】

（1）面团的饧制时间一定要足够，否则影响成品的膨胀度。

（2）炸制温度要适宜。油温过低，油条发硬，膨胀度不佳；油温过高，则油条颜色过深，影响美观。

【特点】色泽金黄，酥脆松泡。

3. 物理膨松面团

物理膨松面团是利用物理机械搅打实现膨松的面团。

（1）物理膨松原理 物理膨松面团的基本原料包括糖、蛋、面粉，实质是利用糖和蛋的黏着性，用机械不断搅打进空气，并将空气包裹在糖蛋液之中，空气越进越多就使得糖蛋液随之膨胀松泡，在搅打合适时加入面粉轻轻搅拌，空气仍保留在其中。在其加热成熟后，蛋、面粉定形，中间的空气便成为膨松的气孔，达到了所需的膨松效果。物理膨松面团的代表品种不多，有四川的八宝枣糕、广东的马拉糕等。

（2）物理膨松面团操作实例——凉蛋糕

【原料】鸡蛋 500 g、低筋面粉 400 g、白糖 400 g、香兰素 1 g。

【制法】

（1）鸡蛋打散入盆，加入白糖、香兰素，搅打至蛋液呈乳白色，拉起打蛋器蛋白泡呈鸡尾状时，加入低筋面粉，轻轻拌匀成蛋糕糊。

（2）在蒸笼底部及四周铺上纱布，倒入蛋糕糊，刮平。旺火沸水，上笼蒸 25 min 左右取出，改刀装盘即成。

【操作要领】

（1）添加香兰素可降低蛋腥味。

（2）蒸制过程中不可中途揭盖，否则影响蛋糕坯的胀发。

【特点】柔软滋润，松泡香甜。

（三）油酥面团

1. 油酥面团的概念

油指油脂，酥指酥松、酥脆。油酥面团是通过加入较多的油脂使制品达到酥松、酥脆效果的面团。油酥面团可分为层酥面团和混酥面团。

（1）层酥面团的概念和起酥原理　　层酥面团是用于制作具有酥层制品的面团。层酥面团由水油面和干油酥构成：水油面主要由面粉、水、油组成，性质偏水性；干油酥主要由面粉、油组成，性质偏油性。层酥面团起酥是利用水和油互不相溶的性质，经过反复的折叠擀制，水油酥层和干油酥层，层层相隔形成层次。水油酥层在加热后定形形成层次，而干油酥层的油脂加热后熔化，被成熟的水油酥层所吸收，干油酥层的面粉便吸附在水油酥层上或留在水油酥层中间。这样，原来的干油酥层松散消失，水油酥层显现形成酥层，我们所看到的制品的层次实际上就是原来的水油酥层。

（2）混酥面团的概念和起酥原理　　混酥面团是由面粉和大量的油、糖、蛋、乳、水等，以及少量疏松剂制成的面团。油、糖、蛋、乳、水等经过充分乳化后形成细小的油包水颗粒和水包油颗粒，这样限制了面团形成大块面筋，只会形成较小的面筋，成熟后体现为制品的脆感。同时，面团在调制过程中会结合较多的空气，再加上疏松剂的作用，成熟后的制品会在内部形成较多气孔，体现制品酥松的特点。所以混酥面团一般具有酥松、酥脆的特点，但不形成层次。

2. 层酥面团的制作

（1）层酥制品分类　　可分为暗酥制品、破酥制品和明酥制品。

暗酥制品　　层次隐藏在制品内部，切开才可见酥层的制品。

破酥制品　　在暗酥的基础上，将半成品划破，成熟之后开裂显现酥层的制品。

明酥制品　　层次在制品外部可见的制品，根据其纹路的不同又可分为直酥和圆酥。

（2）水油面制作　　水油面由面粉、油脂、水组成，其调制方法与水调面团相同，和好面之后要充分揉匀，至面团细腻光滑为止，用保鲜膜包好饧发备用。

（3）干油酥制作　　将面粉、油脂采用叠压、抄拌的手法混合均匀，再用擦的手法将面团擦细腻即可。

（4）包酥、开酥

① 将水油面擀成大小适合的长方形，再将干油酥擀成水油面 1/2 大小的长方形。

② 将干油酥放在水油面上，用水油面将干油酥包住并封紧。

③ 用擀面杖将其均匀地擀薄，然后将其进行折叠，再擀薄。如此反复，直至酥层厚薄合适为止。

各种酥皮的制作：

暗酥皮　根据制品的需要将擀好的酥皮直接进行分割即可。

圆酥皮　将擀好的酥皮卷成筒状，将收口粘紧，再用锋利的刀切片即可。

直酥皮　将擀好的酥皮切成宽窄相同的条，将其逐一重叠粘紧，再用锋利的刀将其切片即可。

3. 油酥面团操作实例——荷花酥

【原料】

水油面：面粉 275 g、白糖 30 g、猪油 30 g、盐 2 g、水 115 g。

干油酥：低筋面粉 200 g、猪油 120 g。

馅心：洗沙馅 200 g。

【制法】

（1）制皮

水油面：将配方中的白糖加入水和盐，搅拌至白糖溶化，再加入猪油拌匀，倒入已过筛的面粉中，揉成光滑的面团。

干油酥：将配方中的低筋面粉和猪油混合，用手抓匀后，搓擦成干油酥待用。

（2）成形　采用小包酥的方法。取水油皮 20 g，包住干油酥 15 g。按扁后擀成牛舌形，再由外向内卷成圆筒，松弛，重复一次。将面卷按扁，叠成三层，擀成圆形或方形面片，放入馅心，包好封口，收口向下摆放。用刀在包好馅的面坯顶端，由中心向四周均匀剖切成相等的六瓣，成荷花酥生坯。

（3）成熟　将生坯分开排放在漏勺中，放入 110℃ 的油锅中，以小火浸炸至花瓣开放，酥层清晰即成熟，取出装盘。

【操作要领】

（1）用刀剖切花瓣时，以刚触及馅心为宜。剖切过浅，酥层不易发起；剖切过深，炸制后馅心易外露。

（2）炸制时油温要适宜，每次放入生坯不宜过多，排放不宜太紧密，以防炸时粘连破碎。

（3）酥层的层次不宜过多、过薄，用于剖切的刀片要锋利。

【特点】形态美观，层次分明。

（四）其他面团

1. 米粉团

米粉团是指用米粉掺水调制而成的面团。常用的米粉有糯米粉、粳米粉、籼米粉。糯米粉应用较为广泛，而粳米粉和籼米粉单独应用较少，一般与糯米粉混合使用。

米粉团一般分为糕类粉团、团类粉团、发酵粉团。糕类粉团又分为松质糕团和黏质糕团。团类粉团分为生粉团和熟粉团。发酵粉团是指米粉经发酵调制而成的粉团。糯米粉和粳米粉在正常情况下很难制作发酵制品，一般使用籼米粉发酵。

米粉团操作实例——叶儿粑

【原料】

面团：糯米粉 400 g、澄粉 75 g、黏米粉 100 g、猪油 50 g、白糖 50 g、菠菜汁适量。

馅心：猪腿肉 500 g、碎米芽菜 50 g、色拉油 200 g、胡椒粉、甜面酱、精盐、姜米、白糖、葱花、料酒、酱油、芝麻油、水淀粉适量。

其他：芭蕉叶适量。

【制法】

（1）制皮　将澄粉用沸水烫熟，趁热揉光滑，成澄粉团。白糖加入菠菜汁，搅拌至糖溶化，再加入猪油搅匀后，倒入混匀的糯米粉和黏米粉中，成团后加入澄粉团中，揉成淡绿色的面团，备用。

（2）制馅　猪腿肉剁细，下锅炒散，加入料酒、姜米、甜面酱、碎米芽菜炒香，再加入其余调料，调味后用水淀粉勾芡起锅，加入葱花拌匀成馅。

（3）将芭蕉叶剪成 8 cm×10 cm 的长方形，在沸水中烫一下，沥干水分。在芭蕉叶较光滑的一面刷上少许色拉油，待用。

（4）成形　面团搓条，下成重 20 g/个的面剂，将面剂捏成碗状，包入馅心，收拢成圆球形，放置在芭蕉叶正中间，叶子的两边贴住面坯，放入蒸笼。

（5）成熟　旺火沸水蒸 8 min 取出。

【操作要领】

（1）猪腿肉应选用"肥三瘦七"。

（2）控制好蒸制的时间，时间不宜过长，否则成品易变形。

【特点】色泽淡绿，清香可口。

2. 杂粮蔬面团

杂粮蔬面团通常还包括杂粮面团、果蔬面团、薯类面团、豆类面团等，这些制品由于受原料产地限制，一般具有较强的地域性，不具备普遍性，但其制作工艺大体相同。此类面团的制作一般是先将主要原料制熟或直接加工成泥或蓉（也有加工好的粉），再与面粉、油、糖、蛋、乳等辅助原料混合调制成团即可。此类面团一般具有独特的风味、营养价值、色彩或性质。

杂粮蔬面团操作实例——南瓜饼

【原料】

面团：蒸熟的南瓜蓉 100 g、糯米粉 125 g、澄粉 15 g、沸水 25 g、白糖 35 g、猪油 5 g、鸡蛋液 30 g、面包糠 50 g、色拉油 1 500 g(炸制用)。

馅心：豆沙馅 50 g。

【制法】

(1) 烫澄粉　澄粉用沸水烫熟，趁热揉成光滑的面团，成澄粉团。

(2) 制皮　将白糖加入蒸熟的南瓜蓉中搅拌至白糖熔化，加入糯米粉、猪油、澄粉团一起揉搓均匀成软硬适中的面团。

(3) 成形　将面团搓条下剂成重 25 g/个的剂子。将剂子搓圆，用拇指按压成碗状，包入馅心，收拢成圆球形，按扁，表面沾鸡蛋液，裹面包糠，成南瓜饼生坯。

(4) 成熟　将南瓜饼生坯放入 130℃ 的油中浸炸，待南瓜饼浮起后升高油温，炸至表面金黄，起锅装盘。

【操作要领】

(1) 南瓜的选材以老南瓜为宜。

(2) 炸制时应掌握好油温，并不断翻动，使饼坯受热均匀。

【特点】外酥内糯，香甜可口。

三、常用面点成形技法

面点制品的品种繁多，成形的方法也多种多样。常用的成形方法有：擀、按、卷、包、切、摊、捏、削、拉(抻)、剪、模具成形等。

(一) 擀

擀在成形过程中通常是一道基本工序，同时也是一种成形方法。比如制作饼类，擀就是一种成形方法。擀制时，一般遵循以下原则：

(1) 从制品的中间开始分别向两边擀，这样有利于制品均匀地向两边延展。

(2) 注意调整原料或擀制方向，使制品成形规则、美观。

(3) 需要反复擀制时，一定要翻面擀，经常地翻面有利于制品均匀延展。

(4) 擀制时注意需撒粉，一是要撒粉量适度，二是要撒得均匀。

（二）按

按是一种比较简单的成形方法，可以单手按也可以双手按，应用手的部位主要有：

（1）大拇指指腹　一般适合制作形态较小的制品，按的时候从中间向四周延展。

（2）四指（食指、中指、无名指、小指）　一般适合形态稍大或者较为稀软的饼类，按制时四指并拢向下按。按制较软的饼类时，还可以在按下的同时将四指张开使制品向外延展。

（3）手掌心或全手掌　一般适合形态较大的品种，按制时注意手掌要平整，用力均匀。

（三）卷

卷是一种常用的面点成形方法，成形之前一般要将半成品加工成薄片。卷可分为单卷和双卷。

1. 单卷

单卷即从一端开始一直卷到另一端尽头，卷起呈圆筒状，然后用刀切剂即成。其适合制作普通花卷等。

2. 双卷

双卷是从两端开始向中间卷，形成两个圆筒然后切剂即可。其适合制作如意卷、四喜卷、蝴蝶卷。

（四）包

包是面点成形中最常用的成形方法之一，其难易程度各不相同，一般可分为无缝包法、捏边包法和提褶包法。

1. 无缝包法

无缝包法比较简单，将馅心包入面皮收紧，再适当造型，如搓成圆形、椭圆形，部分制品需收口朝下放置。其关键在于收口时要收紧，同时要保持馅心在制品的中间位置，底部面皮不能过多或过厚，必要时需将收口处多余的面揪下，如糖包、汤圆、豆沙包、奶黄包。

2. 捏边包法

捏边包法较为简单，即在包入馅心后将制品边缘捏紧即可。其适用于普通饺子类以及其他一些制品，如北方水饺、月牙蒸饺、糖三角。捏制时要讲究手法，整齐一致。

3. 提褶包法

提褶包法主要用于制作包子。提褶包法的难度较大，制作时边提边包捏，直至最后收口。提褶包法的标准褶数为 24 褶，根据制品要求 18~28 褶均可。

【操作要领】

（1）面要软硬合适，偏软为好。

（2）每次提捏的力量和褶子大小要一致，这样出来的花纹才会美观。

（3）双手配合协调一致，右手提捏的同时，左手配合旋转制品，两只手成逆方向运行，进退幅度一致。

（五）切

切在成形过程中通常是一道基本工序，穿插于很多成形方法之中，但同时也可以作为一种成形方法，多用于面条或糕类的最后成形，如各种手工面、八宝枣糕、马拉糕。

（六）摊

摊适用于较稀的面坯，一般成形为饼状，制作时将调制好的浆糊在热锅上摊平成形。使用的锅可以是平底锅，也可以是普通铁锅。

【操作要领】

（1）浆糊的浓稠度要合适，浆糊下锅后要保持一定的流动性。

（2）锅内的油要少，薄薄一层即可。

（3）温度要合适，浆糊下锅后一般需摇动锅使其达到要求的大小和厚薄，如果温度过高会很快定形，或使制品颜色不均匀。

（七）捏

捏也是最常用的成形方法之一，是以包为基础并配以其他手法来完成的一种复合成形方法。捏的难度较大，技术性较强，成品一般造型别致、优雅，具有较高的艺术性。常见的有眉毛饺、鸡冠饺、冠顶饺、鸳鸯饺、四喜饺、蝴蝶饺、金鱼饺等花式蒸饺，以及各种象形点心。

（八）削

削主要用于制作刀削面。制作刀削面所用的削面刀是一个瓦形刀。削面时，将面揉成前大后小的圆柱形状，左手持面稍稍向下倾斜，右手持刀，运行轨迹为直线。削面时由面的内侧起刀，刀不离面、面不离刀，一刀挨着一刀，直到一层削完。第二层仍然由内层起，如此反复。削是一种需要反复练习才能熟练掌握的技法，需要加强手臂力量的练习，出刀角度、方向的练习等。

（九）拉（抻）

拉（抻），主要用于制作拉面（抻面）。拉较之削更为复杂，拉面的工序很多，拉只是其中的主要手法。拉面有大把拉面和小把拉面之分。

（1）两者在用面分量上有明显区别，大把拉面用很多的面一起拉，如龙须面和传统筵席所用的拉面，一次拉出的面较多；而小把拉面每次用的面较少，如兰州拉面，每次拉出的面就是一份。

（2）两者在手法上也有所不同，大把拉面的用面量大，手法复杂，而小把拉面一般比大把拉面要简单得多。

（十）剪

剪是借助剪刀使制品成形的方法，应用不是很多，但是都很有特色，如山西省的特色面食小吃剪刀面，花式蒸饺中的兰花饺、飞轮饺，象形点心中的刺猬包。

（十一）模具成形

模具成形是利用各种食品模具成形的方法。最常见的制品就是月饼，有些糕类制品也可以使用模具成形。在使用模具时，要注意在模具上刷油或者拍粉，以防粘连。

四、常用面点成熟技法

熟制即运用水、蒸汽或油等介质，通过传导、对流、辐射等方式，将成形的生坯（又称半成品）加热，使其成熟，成为色、香、味、形俱佳的成品的过程。常用的面点成熟技法包括蒸、煮、煎、炸、烙、烤等。个别品种需要使用先蒸（煮）后煎（炸），或先蒸（煮）后炒（烙、烩）等复合加热法。

（一）蒸

蒸是以水蒸气为传热介质，通过传导、对流的方式将制品加热成熟的方法。蒸制时要注意以下三点：

（1）水量要充足，一般要求淹没底笼 1/3~1/2，中途不要加水，尤其是不可加冷水，中途加冷水会使制品成熟受到影响。

（2）火力大小合适，蒸制过程中始终要使水保持在沸腾状态，但也没必要开过大的火，因为水蒸气的最高温度就是 105℃ 左右，保持水沸腾即可。

（3）蒸制时间应根据不同面点品种的大小、性质进行严格掌握，要在水沸之后放上制品开始计时。

（二）煮

煮是以水为介质，通过传导的方式加热使制品成熟的方法。煮时要注意以下四点：

（1）水要充足，保证制品在锅中可以漂浮，受热均匀，不粘连。

（2）火力大小适度，煮制过程中保持水面沸而不腾，若火力过大容易冲烂制品。

（3）煮制过程中要适度搅动制品，以免粘锅或制品粘连。

（4）在制品沸腾过度时要加少许冷水冷却，使其恢复沸而不腾的状态，常称为"点水"。

（三）煎

煎是以油或水油为传热介质，通过传导、对流的方式使制品成熟的方法。煎根据介质的不同通常可分为油煎和水油煎两种。煎制用油量较少，以不超过制品厚度的 1/2 为宜。普通油煎较为简单，煎制时待油烧热后放入生坯，煎到一定程度，翻面再煎另一面，煎至两面都呈金黄色成熟。水油煎先放少许油烧热，放入生坯，煎至生坯底面稍稍上色后，加入适量的水，盖上盖子进行焖制，利用水蒸气对制品的上部进行加热使之成熟，待水蒸气挥发完之后，再利用剩下的油使制品继续加热，使其底部具有酥脆的口感。待水蒸气完全散发，底部色泽合适后即可起锅。

煎制过程中要注意：

（1）火力要合适，火过大容易使制品过早上色而制品未熟。

（2）要注意挪动制品或摇动锅，以使制品受热均匀。

（四）炸

炸是用较多量的油，将制品生坯浸入其中，通过传热的方式使制品成熟的方法。它的成熟原理与煮制法相同。炸制法的适用性比较广泛，成品一般具有金黄澄亮的色泽、酥脆的质感。炸制的油温，大体分为低油温（90～130℃）、中油温（150℃左右）、高油温（180～220℃）。炸制油温的控制：油温一般为先低后高，低油温浸炸使制品成熟，再升高油温使之上色完全成熟。尤其是对于酥点品种，火力不宜过大，低油温浸炸可以使纹路显现，再升高油温使之定形。

（五）烙

烙是以锅体或少量油、水为介质，通过传导、辐射的方式使制品成熟的方法。烙与煎、炸的主要区别就在于用油量的不同。烙用油最少，煎用油稍多，炸用油最多。烙根据传热介质可分为干烙、水烙、油烙。干烙制品表面和锅底都不刷油也不放水，直接将制品放入平锅内烙，使用这种成熟方法的品种较少；水烙主要利用锅和水蒸气传热使制品成熟，烙制时先将制品的一面放在锅内烙制稍稍上色，再加少许水焖制使之成熟；油烙是在烙的过程中，在锅底刷少许油（用油量比油煎法少），每翻动一次就刷一次，经常转动铁铛或制品的位置，做到"三翻四烙""三翻九转"，使制品均匀受热，同时注意制品的色泽及成熟度，制品多以杏黄色、虎皮色为好。

（六）烤

烤是以热空气作为传热介质，通过传导、对流、辐射的形式使制品成熟的方法。根据温度的不同，可以将火力分为小火（100～150℃）、中火（150～200℃）、大火（200～270℃）。烤箱的温度还分上下火，不同品种对上下火的要求不同。烤制时一般以面火为主，由于制品与下火直接接触，所以下火温度通常低于上火温度，实际温度应根据不同品种具体掌握。烤制的时间除与温度有关之外，还应根据具体品种、体积的大小来确定。烤制时炉温的调节正好与油炸相反，宜先高后低。

1. 名词解释：水调面团　膨松面团　油酥面团

2. 搓条、下剂、擀皮的操作要领是什么？

3. 水调面团、膨松面团、油酥面团的调制原理是什么？

4. 膨松面团的分类和原理是什么？

5. 简述油酥面团的分类情况。

6. 分别叙述常用成形技法的概念、操作要领，并举例说明。

7. 分别叙述常用成熟技法的概念、操作要领和注意事项。

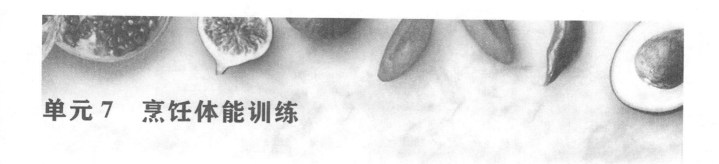

单元7　烹饪体能训练

学习目标

1. 了解烹饪工作者进行体能训练的必要性。
2. 掌握手指力量、手腕力量、前臂力量训练的要求。

　　职业教育烹饪类专业以培养具有一定理论知识和较强实践能力，并在毕业后能迅速上岗的高技能人才为目标。但如何提高这些操作技能的教学效率，科学地进行训练并提升学生的专业素质，是值得不断探索的问题。

　　加强与职业相关的体能素质训练，将会大大促进烹饪类专业课的教学。按照"烹饪基本功量化训练标准"实施的专业量化训练，需要学生能够在较长的时间内站立，并反复地进行烹饪技能训练。不少学生在刚开始时都是因为体能跟不上，无法完成一定的训练量，因而达不到烹饪技能训练的要求。可见，专业技能素质的练习离不开学生良好的身体素质。

　　为了让正处于身体发育阶段的学生在体能上能够适应烹饪类专业量化训练的要求，开展相应的训练项目是十分必要的。

　　针对烹饪类专业的特殊性，学生在日常应进行以下三个方面的训练。

一、手指力量训练

　　【训练目的】增强握锅的指力和臂力。

　　【训练要求】身体俯卧，两脚并拢，前脚掌着地，两脚伸直，收腹收臀，十指撑地（以指腹触地，如图7-1a所示），双手距离与肩略宽，面朝地面，肘关节重复屈伸至90°，每组10~15次（图7-1b）。

　　【注意事项】练习要持之以恒，循序渐进，可根据体能逐步增加每组练习的数量。

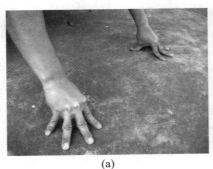

(a)   (b)

图 7-1   手指力量训练

二、手腕力量训练

【训练目的】增强拿锅的腕力和握刀时手腕的力量。

【训练工具】哑铃。

【训练要求】双脚开立，与肩同宽或稍宽，然后半蹲至大腿与地面平行（图7-2a），双手握哑铃让前臂放在大腿上（掌心向上，腕横放，与膝盖前端齐平），反握或正握哑铃（图7-2b），手腕用力，进行屈伸练习，练习3组，每组做15次。

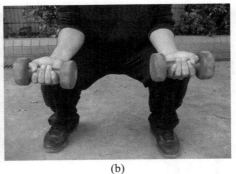

(a)   (b)

图 7-2   手腕力量训练

【注意事项】练习要持之以恒，循序渐进。可根据体能逐步增加每组练习的数量并增加哑铃的重量。

三、前臂力量训练

（一）前臂屈伸

【训练目的】增强握锅臂力和提锅时的持久力。

【训练工具】哑铃。

【训练要求】两肘与肩同宽，双手分别握哑铃，外旋至掌心向前（图 7-3a），以肘关节为轴，小臂用力上提，尽量提高（图 7-3b），然后稍慢放下，每组 15 次。

【注意事项】练习要持之以恒，循序渐进。可根据体能逐步增加每组练习的数量并增加哑铃的重量。

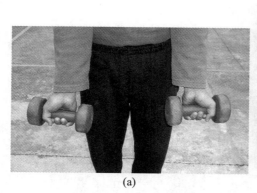 

(a)　　　　　　　　　　　　　　　(b)

图 7-3　前臂屈伸训练

（二）直臂卷绳

【训练目的】增强握刀时手腕的柔韧度和灵活性。

【训练工具】木棒，木棒正中系一根绳，绳的另一端系一个杠铃片等重物。

【训练要求】两脚开立与肩同宽，双臂体前平伸与肩同宽，肘关节伸直，正握木棒（图 7-4a），利用手腕力量，卷动木棒，使杠铃片慢慢上升（图 7-4b），分别做向前卷绳和向后卷绳的动作。

【注意事项】练习要持之以恒，循序渐进。可根据体能逐步增加每组练习的数量并增加杠铃片的重量。

(a)　　　　　　　　　　　(b)

图 7-4　直臂卷绳训练

（三）铁锅抛沙（以左手抓锅为例）

【训练目的】增强握锅的耐力和翻锅动作的连贯性。

【训练工具】铁锅和沙子。

【训练要求】拇指指关节扣着锅耳（图 7-5a），四指自然张开托住锅身外侧上端（图 7-5b），通过"推、托、拉"的步骤让沙子在锅内明显翻动。多次抛锅，必须让沙子明显离锅翻动。

【注意事项】练习要持之以恒，循序渐进。可根据体能逐步增加每次练习的次数并增加沙子的重量，但不可急于求成，否则容易造成劳损和受伤。

(a)　　　　　　　　　　　(b)

图 7-5　铁锅抛沙训练

思考与练习

----

1. 烹饪体能训练包括哪三个方面？

2. 简述手指力量训练、手腕力量训练、前臂力量训练的要求及注意事项。

参 考 书 目

［1］ 李刚. 烹饪刀工述要 ［M］. 北京：高等教育出版社，1988.

［2］ 单守庆. 烹饪刀工 ［M］. 北京：中国商业出版社，2007.

［3］ 马素繁. 川菜烹调技术 ［M］. 4版. 成都：四川教育出版社，2001.

［4］ 薛党辰. 烹饪基本功训练教程 ［M］. 北京：中国纺织出版社，2008.

［5］ 韦恩·吉斯伦. 专业烹饪：第4版 ［M］. 李正喜，译. 大连：大连理工大学出版社，2005.

郑重声明

读者意见反馈

为收集对教材的意见建议,进一步完善教材编写并做好服务工作,读者可将对本教材的意见建议通过如下渠道反馈至我社。

咨询电话　400-810-0598

反馈邮箱　zz_dzyj@pub.hep.cn

通信地址　北京市朝阳区惠新东街4号富盛大厦1座

　　　　　高等教育出版社总编辑办公室

邮政编码　100029

防伪查询说明

用户购书后刮开封底防伪涂层,使用手机微信等软件扫描二维码,会跳转至防伪查询网页,获得所购图书详细信息。

防伪客服电话

(010)58582300

学习卡账号使用说明

一、注册/登录

访问http://abook.hep.com.cn/sve,点击"注册",在注册页面输入用户名、密码及常用的邮箱进行注册。已注册的用户直接输入用户名和密码登录即可进入"我的课程"页面。

二、课程绑定

点击"我的课程"页面右上方"绑定课程",在"明码"框中正确输入教材封底防伪标签上的20位数字,点击"确定"完成课程绑定。

三、访问课程

在"正在学习"列表中选择已绑定的课程,点击"进入课程"即可浏览或下载与本书配套的课程资源。刚绑定的课程请在"申请学习"列表中选择相应课程并点击"进入课程"。

如有账号问题,请发邮件至:4a_admin_zz@pub.hep.cn。

高等教育出版社
烹饪类专业职业院校通用教材

学习卡
网上学习 / 资源下载
免费查询 / 甄别盗版
使用说明详见书内"郑重声明"页

扫一扫 消真伪
获取增值服务

ISBN 978-7-04-056921-6

9 787040 569216 >

定价 21.00 元

"十四五"职业教育国家规划教材

西餐烹饪专业

主 编

李 娜 张立祥

西餐面点基础

高等教育出版社